电子技术基础
实 验

DIANZI JISHU JICHU SHIYAN

徐剑琴 田敬北 主编

尹建媛 覃启锦 陈韶飞 副主编

东华大学出版社
·上海·

内 容 提 要

本书包含模拟电子技术、数字电子技术两大模块的实验教学内容,分为 7 篇:第一篇是电子技术实验基础知识,介绍电子技术基础实验的意义、一般要求和学习方法等;第二篇是模拟电子技术基础型实验,介绍常用电子仪器的使用、晶体管单管共射放大器、射极跟随器等 10 个实验;第三篇是模拟电子技术 Multisim 仿真实验,介绍 Multisim14 的基本操作、二极管电路、晶体管基本放大电路等 9 个实验;第四篇是模拟电子技术提高(设计性)实验,介绍直流稳压电源的设计与制作、正弦波发生器电路设计与制作、方波发生器电路设计与制作等 5 个实验;第五篇是数字电子技术基础型实验,介绍 TTL 集成逻辑门的逻辑功能与参数测试、COMS 电路、组合逻辑电路分析与设计等 10 个实验;第 6 篇是数字电子技术 Multisim 仿真,介绍与非门逻辑功能测试及组成其他门电路、集成逻辑门的应用、半加器和全加器等 8 个实验;第 7 篇是数字电子技术提高型(设计性)实验,介绍编码显示电路设计、由触发器构成的抢答器电路设计、电子门铃电路设计等 6 个实验。

本书是电子技术基础课程的实验教材,主要面向高校电子、电气信息类专业的本科生,也适用于高职高专、中等职业学校的学生,同时也是对电子技术感兴趣的业余爱好者的良好参考书。

图书在版编目(CIP)数据

电子技术基础实验 / 徐剑琴,田敬北主编;尹建媛,覃启锦,陈韶飞副主编. —上海 :东华大学出版社,2024.3

ISBN 978-7-5669-2312-7

Ⅰ.①电… Ⅱ.①徐… ②田… ③尹… ④覃… ⑤陈… Ⅲ.①电子技术—实验 Ⅳ.①TN-33

中国国家版本馆 CIP 数据核字(2024)第 006318 号

责任编辑 张 静
封面设计 魏依东

出　　　版　东华大学出版社(上海市延安西路 1882 号,2000051)
本 社 网 址　http://dhupress.dhu.edu.cn
天猫旗舰店　http://dhdx.tmall.com
营 销 中 心　021-62193056　62373056　62379558
印　　　刷　句容市排印厂
开　　　本　787 mm×1092 mm　1/16
印　　　张　12.25
字　　　数　240 千字
版　　　次　2024 年 3 月第 1 版
印　　　次　2024 年 3 月第 1 次印刷
书　　　号　ISBN 978-7-5669-2312-7
定　　　价　79.00 元

前　言

伴随着我国迈向全面建设社会主义现代化国家新征程,回答"培养什么人、怎样培养人、为谁培养人"这一教育根本问题,需要回应如何提升人才培养质量的时代之问。课程作为人才培养的核心要素,课程质量直接决定人才培养质量。以课程改革小切口带动解决人才培养模式大问题,是实现高等教育改革创新发展的突破口。

"电子技术基础"课程是工科专业重要基础课程,其教育教学改革立足于经济社会高质量发展需求,以产出为导向,以问立教,在充分总结教学改革成果和实践教学经验的基础上,依据学校相关专业人才培养方案和课程标准,开展教材研究和编写工作。

"电子技术基础"课程内容主要分为模拟电子技术和数字电子技术两大部分,其主要特点是具有很强的工程性和实践性,通过实践操作使学生能够理论联系实际,由此更深入地理解和掌握理论知识,同时培养学生的动手实践能力、创新思维能力以及分析问题、解决问题的能力,启发学生的创新意识并挖掘他们的创新思维潜力,进一步增强学生的应用能力和工程意识。本书作为"电子技术基础实验"课程的指导性教材,其内容的科学性、合理性、新颖性等,在一定程度上决定着实验课的教学效果。

本教材的编写充分考虑课程教学体系的完整性,立足于 21 世纪的科技发展,主动适应实际工作和社会发展需要,突出应用性和创新性,增强设计性和综合性。教材内容丰富、层次清晰,既有传统的基础型(验证性)和仿真实验,也有提高型(设计性)实验,旨在培养学生的学习兴趣、实践能力、综合应用能力、创新思维能力,以适应教育转型、高素质人才培养目标的要求。本教材各章节和实验相对独立,便于根据教学需要选择不同的教学内容。教材的主编和副主编多年来在一线工作,具有很丰富的教学和实验经验。教材注重教学效果和实践经验总结,注重夯实基础和心智培养,注重实践技能和创新能力培养。

本教材由"广西科技大学教材建设基金"资助出版。由于编者水平有限,且时间仓促,书中肯定还存在错误和不妥之处,恳请读者批评指正。

编者
2023 年 11 月

目　录

第一篇
电子技术实验基础知识

 电子技术实验的意义

电子技术是现代工业和科学研究中不可或缺的一门技术,广泛用于通信、工业、计算机、新能源、航空航天和医疗等各种领域。电子技术基础基本理论的建立,有许多是从实验中得到启发,并通过实验得到验证的。通过实验可以揭示电子世界的奥秘,可以发现现有理论存在的问题(近似性和局限性等),从而促进电子技术基础理论的发展。

同时,通过实验,学生可以深入理解电子电路的基本理论和应用知识,提高自身的实践能力和创新思维。电子技术实验的重要性及其在培养学生实践技能方面的作用主要体现在以下方面:

1.1.1 实验与理论相结合

电子技术实验为学生提供了将理论知识应用于实际电路的机会。实验可以帮助学生深入理解电子元器件的特性、电路的设计原理和性能优化方法。通过实验,学生可以更好地掌握电子电路的设计、分析和调试技巧,提升解决实际问题的能力。

1.1.2 培养实践技能

电子技术实验旨在培养学生的实践技能,使其具备从事电子科学与技术行业的相关职业能力。实验过程中,学生需要学会使用各种电子测量仪器,如万用表、示波器等,对电子元器件和电路进行测试和评估。此外,学生还需要掌握电子元器件的识别、检测、应用等技能,以及电子电路的设计、制作、调试等实践能力。

1.1.3 适应社会需求

电子技术实验不仅培养学生的实践技能,还关注学生对于电子技术在实际生产中的应用能力。实验内容通常围绕实际工程项目展开,旨在帮助学生了解电子技术在工业、科研、生活等领域的广泛应用。通过实验,学生可以更好地适应社会需求,成为具备实践能力的电子人才。

1.1.4　培养创新精神

电子技术实验鼓励学生发挥创新精神,尝试不同的电路设计和解决方案。通过实验,学生可以学会独立思考、分析问题,并发挥自己的创造力来解决实际问题。这种创新精神的培养对于学生的未来职业发展具有重要意义。

进入 21 世纪,社会对人才的要求越来越高,不仅要求具有丰富的知识,还要具有更强的对知识的运用能力及创新能力。为适应新形势的要求,实验课内容已有新的改变。本课程体系中,将传统的实验教学内容划分为基础验证性实验、提高设计性实验、综合应用性实验、虚拟仿真性实验等几个层次。

基础验证性实验旨在帮助学生理解和掌握电子技术的基本知识和技能。通过已知的实验步骤和操作方法,以及实验结果的验证和分析,验证理论知识的正确性和可靠性。在基础验证性实验中,学生通常需要根据实验指导书中的步骤和操作方法,逐步进行实验,记录实验数据,并进行分析和解释。这种实验方法注重实验操作的规范性和实验数据的准确性,旨在培养学生的实验技能和实验数据处理能力。另外,实验要求分成必做和选做两部分,可使学习优秀的学生有发挥的余地。

提高设计性实验旨在帮助学生通过自主设计、制作和调试电路,进一步理解和掌握电子技术的基本知识和技能。在设计性实验中,学生需要根据实验题目和要求,自主设计实验电路,选择合适的电子元器件和仪器设备,并完成实验电路的制作、调试和测试等环节。通过这种实验方法,可以培养学生的电路设计、制作和调试能力,提高学生对电子技术的综合运用能力。

综合性实验旨在帮助学生通过多个知识点和技能的综合性应用,进一步理解和掌握电子技术的基本知识和技能。在综合性实验中,学生需要综合运用多个知识点和技能,包括电子元器件的选择和使用、电路设计和制作、电路调试和测试等环节。通过这种实验方法,可以培养学生的综合运用能力、动手操作能力和解决问题的能力。

虚拟仿真实验旨在使学生学会利用计算机仿真软件模拟实际实验效果的实验方法。通过虚拟仿真实验,学生可以在计算机上进行实验操作,达到与实际实验类似的效果,同时掌握模拟电子电路常用仿真设计应用软件。由此培养学生掌握和应用模拟电子电路实验的新技术和新方法。

电子技术实验的一般要求

为了使实验能够达到预期效果,确保实验顺利完成,并培养学生良好的工作作风,充分发挥学生的主观积极作用,对学生提出如下基本要求:

1.2.1　实验前的准备

在进行电子技术实验前,学生需要做好充分的准备。首先,学生需要了解本次实验的目的、原理和操作方法,认真阅读实验指导书,了解实验的具体步骤和注意事项。其次,学生需要提前预习本次实验相关的电子技术基础知识,掌握必要的理论知识和操作技巧。

1.2.2　实验中的要求

(1) 按时进入实验室并在规定的时间内完成实验任务,遵守实验室的规章制度,实验后整理好实验工作台。

(2) 严格按照科学的操作方法进行实验,要求接线正确、布线整齐和合理。

(3) 按照仪器的操作规程正确使用仪器,不得野蛮操作和使用。

(4) 实验中出现故障时,应利用所学知识冷静分析原因,并能在教师的指导下独立解决。对实验中的现象和实验结果要能进行正确的解释。

(5) 测试参数时要做到心中有数,细心观测,原始记录完整、清楚,实验结果正确。

1.2.3　实验后的要求

撰写实验报告是整个实验教学中的重要环节,是对实验人员的一项基本训练,一份完美的实验报告是一次成功实验的最好答卷。因此,实验报告的撰写要按照以下要求进行:

(1) 基础验证性实验报告的要求

① 实验报告用规定的实验报告纸书写,上交时应装订整齐。

② 实验报告中所有的图都用同一颜色的笔绘制。

③ 实验报告要书写工整,布局合理、美观,不应有涂改。

④ 实验报告内容要齐全,应包括实验目的、实验原理、实验电路、元器件型号规格、测试条件、测试数据、实验结果、结论分析及教师签字的原始记录等。

(2) 设计性实验报告的要求

① 标题,包括实验名称、实验日期等。

② 已知条件,包括主要技术指标、实验用仪器(名称、型号、数量)。

③ 电路原理。如果所设计的电路由几个单元电路组成,则阐述电路原理时,最好先

用总体框图说明,然后结合框图逐一介绍各单元电路的工作原理。

④ 单元电路的设计与调试步骤。

a. 选择电路形式。

b. 电路设计(对所选电路中的各元器件参数进行定量计算或工程估算)。

c. 电路装配与调试。

⑤ 整机联合调试与测试。各单元电路调试正确后,按以下步骤进行整机联调:

a. 测量主要技术指标。实验报告中要说明各项技术指标的测量方法,画出测试原理图,记录并整理实验数据,正确选取有效数字的位数。根据实验数据进行必要的计算,列出表格,在方格纸上绘制出波形或曲线。

b. 分析故障,说明在单元电路和整机调试中出现的主要故障及解决办法,若有波形失真,要分析失真的原因。

c. 绘制出完整的电路原理图,并标明调试后的各元器件型号、规格和参数。

⑥ 测量结果的误差分析。用理论计算值代替真值,求得测量结果的相对误差,并分析产生误差的原因。

⑦ 思考题解答与其他实验研究。

⑧ 电路改进意见及本次实验中的收获体会。

实验电路的设计方案、元器件参数及测试方法等,都不可能尽善尽美。实验结束后,如果感到某些方面作适当修改可进一步改善电路性能或降低成本,以及实验方案的修正、内容的增删、步骤的改进等,都可写出相关建议。

学生每完成一项实验都会有不少收获体会,既有成功的经验,也有失败的教训,应及时总结,不断提高。每份实验报告除了上述内容外,还应做到文理通顺、字迹端正、图形美观、页面整洁。

1.3 电子技术实验的学习方法

电子技术基础实验是电子技术课程的重要组成部分,它不仅帮助学生掌握电子电路的基本实验技能和方法,还能帮助学生理解抽象的理论知识。那如何学好电子技术基础实验课程呢?

1.3.1 掌握基础理论知识

在进行实验之前,学生需要掌握相关的电路原理、电子元器件的使用和电子实验仪器的基本知识。学生需要了解各种电子元器件的功能和特点,以及如何使用它们来构建电路。这有助于学生更好地理解实验原理和操作方法。

1.3.2　提前预习实验内容

在进行实验之前,学生需要提前预习实验内容,了解实验的目的、实验原理、实验步骤等。这有助于学生更好地理解实验,为实验操作做好准备。

1.3.3　认真进行实验操作

在实验过程中,学生需要认真进行每一步操作,遵循实验步骤和安全规范。在操作过程中,学生应该注意观察实验现象和数据,及时调整实验条件和参数,确保实验结果的准确性和可靠性。同时,学生还需要注意实验安全,避免发生意外事故。

1.3.4　记录实验数据和实验结果

在实验过程中,学生需要认真记录实验数据和实验结果。这有助于学生分析实验规律和特征,加深对电子电路的理解。同时,记录实验数据和结果还可以帮助学生检查实验操作是否正确,及时发现和解决问题。

1.3.5　积极参与实验讨论和总结

在完成实验后,学生应该积极参与实验讨论和总结。通过与其他同学和老师的交流和讨论,学生可以更好地理解实验技能和方法,发现和解决自己在实验中遇到的问题。同时,学生还需要对实验进行总结和归纳,加深对电子技术基础实验的理解和掌握。

1.3.6　善于总结和思考

在实验过程中,学生需要善于总结和思考。要对实验中遇到的问题进行深入思考,理解问题的本质和解决方法。同时,要对实验结果进行总结和分析,理解实验数据的规律和特征,探究实验现象背后的物理原理。

1.3.7　多做多练,积累经验

电子技术实验需要不断的实践和练习。学生可以通过多做实验来巩固所学知识,提高自己的实验技能。

1.4　电子实验室的安全操作规则

为了有效保障人身以及仪器设备的安全,确保实验的顺利进行,进入实验室后要遵守实验室的规章制度和实验室的安全规则。

1.4.1 实验室安全注意事项

电子技术实验室的安全注意事项包括以下几点：

（1）安全第一。确保实验室内的环境安全，包括电路板的摆放、设备的接线、电缆的固定等，都需要符合安全标准。

（2）检查设备（或实验电路）和电源。安装或检查用电设备（或实验电路）时应切断电源，确认无误后方可接通电源，在接通电源之前须通知实验合作者；实验结束后，先关闭仪器设备，再关闭电源。离开实验室或遇突然断电，应关闭电源。

（3）避免触电。任何情况下均不能用手来鉴定接线端或裸露导线是否带电；使用市电时要注意仪器、装置连线等应绝缘良好，带电的部分不能裸露；更换熔断器时，应先切断电源，切勿带电操作；勿触及已充电的电容器，对于高压电容器，实验结束后或闲置时，应串接合适电阻进行放电。既要避免严重触电，也要防止轻微触电。

（4）及时断电。在实验中遇到有人触电、火灾等险情时，应立即切断电源，然后采取相应的措施；做完实验或离开实验室要及时断电，拆除连线，确保实验装置不带电。

（5）避免短路。不得将供电线任意放在通道上，以免因绝缘破损而发生短路。

（6）仔细阅读实验指导。在进行电子技术实验之前，仔细阅读实验指导是非常重要的。实验指导通常包含电路图、器材清单、实验步骤等详细信息。通过仔细阅读实验指导，可以更好地理解实验的目的和操作流程，从而减少错误和事故的发生。

（7）正确使用实验设备。使用实验设备时应严格按照操作规程进行，确保正确使用设备，防止发生意外事故。实验过程中，应始终保持规范操作，如有问题，及时与工作人员联系。严禁使用未经许可的电器和仪器设备！

（8）遵守规定。电气设备在未验明无电时，一律认为有电，不能盲目触及。

（9）戴绝缘手套。需要带电操作时，必须戴绝缘手套或穿绝缘靴。

请注意，以上只是部分安全注意事项，还有更多相关规则和注意事项需要遵守。在操作实验设备之前，请务必阅读实验室安全规定并严格遵守。

1.4.2 实验室仪器使用注意事项

电子技术实验室仪器使用注意事项如下：

（1）使用仪器前，应先阅读其使用说明书或有关资料，了解使用方法和注意事项，以便正确操作。

（2）看清仪器所需的电源电压，接入正确的电源。

（3）按要求正确连线。

（4）按规定程序操作仪器，严禁超负荷使用，避免发生意外。

（5）实验中要注意面板上开关、按键、旋钮的正确使用，切勿用力过度，以免造成仪器档位选择开关错位或旋钮、开关、电位器等部件损坏。

（6）发现仪器异常现象，如熔断器熔断、内部打火、烧糊味、冒烟、异响、仪器失灵、元器件发烫等，应立即停止使用，切断电源，并及时报告负责人。

（7）使用后应及时关闭电源，清理仪器表面及周围的物品，保持工作桌面整洁。

（8）不得随意拆卸实验装置上已经固定好的元器件，不得随意拆装实验装置。

（9）实验室应保持干燥和通风，以防止电子设备受潮、发生短路等情况。

（10）对于高压实验，需要采取相应的安全措施，如佩戴绝缘手套、使用绝缘工具等。

以上是在使用电子技术实验室仪器时需要注意的事项，以确保实验安全和仪器使用寿命。

第二篇

模拟电子技术基础型实验

2.1 常用电子仪器的使用

2.1.1 实验目的

1. 熟悉示波器、函数信号发生器等常用电子仪器面板、控制旋钮的名称、功能及使用方法。
2. 学习使用函数信号发生器。
3. 初步掌握用示波器观察波形和测量波形参数的方法。

2.1.2 实验设备与器件

示波器,函数/任意波形发生器。

2.1.3 实验电路和原理

在模拟电子电路实验中,经常使用的电子仪器有示波器、函数/任意波形发生器、直流稳压电源、交流毫伏表及频率计等。它们和万用电表一起,可以完成对模拟电子电路的静态和动态工作情况的测试。

实验中要对各种电子仪器进行综合使用,可按照信号流向,以连线简捷、调节顺手、观察与读数方便等原则,进行合理布局。各仪器与被测实验装置之间的布局与连接如图2.1.1所示。接线时应注意,为防止外界干扰,各仪器的公共接地端应连接在一起,称为共地。信号源和交流毫伏表的引线通常用屏蔽线或专用电缆线,示波器接线使用专用电缆线,直流电源的接线用普通导线。

1. 函数/任意波形发生器

函数/任意波形发生器能按需要输出正弦波、方波、三角波等多种信号波形,用来为

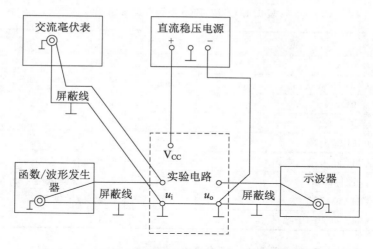

图 2.1.1　模拟电子电路实验测量仪器、仪表的连接框图

电路提供各种频率和幅值的输入信号。作为信号源时，它的输出端不允许短路。

　　本实验选用 RIGOL 的 DG4000 系列函数/任意波形发生器。DG4000 系列是集函数发生器、任意波形发生器、脉冲发生器、谐波发生器、模拟/数字调制器、频率计等功能于一身的多功能信号发生器。该系列的所有型号皆具有 2 个功能完全相同的通道，通道间相位可调。DG4000 系列前面板功能见图 2.1.2 和表 2.1.1。具体使用可查阅其使用"快速指南"。

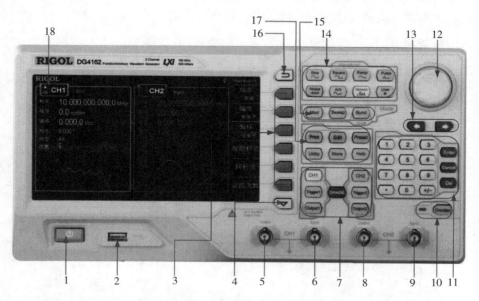

图 2.1.2　DG4000 系列前面板

表 2.1.1 DG4000 系列前面板说明

编号	说明	编号	说明
1	电源键	10	频率计
2	USB Host 接口	11	数字键盘
3	菜单软件	12	旋钮
4	菜单翻页	13	方向键
5	CH1 输出端	14	波形选择区
6	CH1 同步输出端	15	模式选择区
7	通道控制区	16	返回上一级菜单
8	CH2 输出端	17	快捷键/辅助功能键
9	CH2 同步输出端	18	LCD

要产生一定大小和频率的波形,可参考以下步骤:

(1) 通过编号"7"包含的按键选择、设置和开启要选用的通道。

(2) 通过编号"14"包含的按键选择要产生的波形。

(3) 通过编号"3"包含的按键和旋钮,选择要设置的参数,比如"频率""幅值"等。

(4) 通过编号"11、12、13"包含的按键设置和调节参数的具体大小。

2. 示波器

示波器是一种用途极为广泛的电子测量仪器,它能把电信号转换成可在荧光屏幕上直接观察的图像。因此,示波器可用来观察电路中各点的波形,监视电路是否正常工作,同时还用于测量波形的周期、频率、峰-峰值、相位等。

本实验选用 RIGOL 的 MSO1000Z 系列前面板,其功能见图 2.1.3 和表 2.1.2。具体使用可查阅其使用"快速指南"。

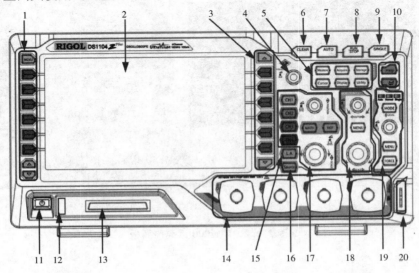

图 2.1.3 MSO1000Z 系列前面板

表 2.1.2　MSO1000Z 系列前面板说明

编号	说明	编号	说明
1	测量菜单操作键	11	电源键
2	LCD	12	USB Host 接口
3	功能菜单操作键	13	数字通道输入
4	多功能旋钮	14	模拟通道输入
5	常用操作键	15	逻辑分析仪操作键
6	全部清除键	16	信号源操作键
7	波形自动显示	17	垂直控制
8	运行/停止控制键	18	水平控制
9	单次触发控制键	19	触发控制
10	内置帮助/打印键	20	探头补偿信号输出端/接地端

四踪示波器可同时观测 1～4 个电信号,可以方便同时进行观察或比较多个信号的波形。要快速观察和测量某一信号的波形,可参考下面步骤:

(1) 通过专用电缆线把信号接入编号"14"包含的任一通道,比如"CH1"。

(2) 按下编号"7"对应的"AUTO"键。

(3) 待 LCD 屏上显示波形后,可通过编号"17、18"包含的按键和旋钮来调节显示波形的位置和大小,注意要至少能显示一个周期完整的信号波形。

(4) 通过编号"1、3"包含的按键,选择要测量的信号的参数,并在 LCD 屏上显示出来。其中,编号"1"中的"MENU"键切换为"水平"和"垂直":切换至"水平"可选择测量波形的频率、相位等;切换至"垂直"可选择测量波形的峰-峰值、有效值等。

读取交流信号电压的幅值和频率,还有下面一种方法:

(1) 幅值:信号波形从波峰到波谷所占的格数×纵向每大一格的单位=波形的峰-峰值。

(2) 周期:信号波形一个周期所占的格数×横向每大一格的单位=波形的周期。

2.1.4　实验内容

调节函数/任意波形发生器产生表 2.1.3 和表 2.1.4 要求的信号,并用示波器测量对应参数,填入对应的表格。

表 2.1.3　正弦波幅值和频率的测量

信号波形	信号频率	信号幅度（峰-峰值）	频率（示波器读数）	峰-峰值（示波器读数）	有效值（示波器读数）
正弦波	10 Hz	3 V			
正弦波	1 000 Hz	3 V			
正弦波	100 kHz	3 V			
正弦波	1 000 Hz	3 mV			

表 2.1.4　方波幅值和频率的测量

信号波形	信号频率	信号幅度（峰-峰值）	频率（示波器读数）	峰-峰值（示波器读数）	有效值（示波器读数）
方波	10 Hz	3 V			
方波	1 000 Hz	3 V			
方波	100 kHz	3 V			
方波	1 000 Hz	3 mV			

2.1.5　预习要求

1. 查阅有关 DG4000 函数/任意波形发生器的使用指南。

2. 查阅有关 MSO1000Z 数字示波器的使用指南。

2.1.6　实验报告要求

1. 整理表 2.1.3、表 2.1.4 中的实验数据。

2. 讨论实验中发生的问题及解决办法。

2.1.7　思考题

1. 如何判断函数/任意波形发生器输出信号的波形、幅值、频率正确与否。

2. 使用示波器时若要达到如下要求,应调节哪些旋钮和开关:

(1) 波形清晰、亮度适中。

(2) 波形稳定。

(3) 改变水平方向波形显示的个数。

(4) 压缩和扩大垂直方向波形的幅度。

(5) 同时观察 2 路波形。

3. 用示波器测量信号的频率和幅度时,如何通过调整来保证测量的准确性。

2.2　晶体管单管共射放大电路

2.2.1　实验目的

1. 掌握共射放大电路静态工作点的设置和测量方法。

2. 掌握放大电路的电压放大倍数、输入电阻、输出电阻的测试方法,了解负载电阻对电压放大倍数的影响。

3. 掌握放大电路的通频带的测试方法,了解频率对放大电路放大性能的影响。

4. 分析静态工作点对放大性能的影响,了解截止失真和饱和失真。

5. 熟悉常用电子仪器的使用。

2.2.2　实验设备与器件

+12 V 直流稳压电源,函数信号发生器,示波器,直流电压表,直流毫安表,数字万用电表,单管/负反馈两级放大器实验板,2.4 kΩ 电阻。

2.2.3　实验电路和原理

图 2.2.1 所示为分压式偏置共射放大电路。它的偏置电路采用 R_{B1} 和 R_{B2} 组成的分压电路,并在发射极中接有电阻 R_F 和 R_E,以稳定放大电路的静态工作点。在放大电路的输入端加入输入信号 u_i 之后,在放大电路的输出端可得到一个与 u_i 相位相反、幅值被放大的输出信号 u_o,从而实现电压放大。

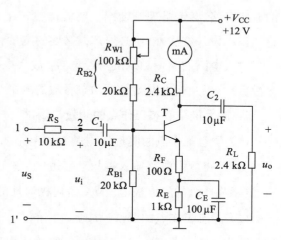

图 2.2.1　单管共射极放大电路

在图 2.2.1 所示电路中,当流过偏置电阻 R_{B1} 和 R_{B2} 的电流远大于晶体管 T 的基极电流 I_B(一般为 5～10 倍)时,它的静态工作点可估算如下(设 T 是硅管,$\beta = 50$):

基极电位

$$U_B \approx \frac{R_{B1}}{R_{B1} + R_{B2}} V_{CC}$$

发射极电流 $\qquad\qquad I_{\mathrm{E}}=\dfrac{U_{\mathrm{B}}-U_{\mathrm{BE}}}{R_{\mathrm{E}}+R_{\mathrm{F}}}$

集电极电流 $\qquad\qquad I_{\mathrm{C}}\approx I_{\mathrm{E}}$

管压降 $\qquad\qquad U_{\mathrm{CE}}\approx V_{\mathrm{CC}}-I_{\mathrm{C}}(R_{\mathrm{C}}+R_{\mathrm{E}}+R_{\mathrm{F}})$

放大电路的动态参数估算如下：

$$r_{\mathrm{be}}=300+(1+\beta)\frac{26\,(\mathrm{mV})}{I_{\mathrm{E}}(\mathrm{mA})}$$

电压放大倍数 $\qquad \dot{A}_{\mathrm{u}}=\dfrac{\dot{U}_{\mathrm{o}}}{\dot{U}_{\mathrm{i}}}=-\beta\dfrac{R_{\mathrm{C}}//R_{\mathrm{L}}}{r_{\mathrm{be}}+(1+\beta)R_{\mathrm{F}}}$

输入电阻 $\qquad\qquad R_{\mathrm{i}}=R_{\mathrm{B1}}//R_{\mathrm{B2}}//[r_{\mathrm{be}}+(1+\beta)R_{\mathrm{F}}]$

输出电阻 $\qquad\qquad R_{\mathrm{o}}=R_{\mathrm{C}}$

由于电子器件性能的分散性比较大，在设计和制作晶体管放大电路时，离不开测量和调试技术。在设计前应测量所用元器件的参数，为电路设计提供必要的依据，在完成设计和装配以后，还必须测量和调试放大电路的静态工作点和各项性能指标。一个合格的放大电路，必定是理论设计与实验调整相结合的产物。因此，除了学习放大电路的理论知识和设计方法外，还必须掌握必要的测量和调试技术。

放大电路的测量和调试一般包括：放大电路静态工作点的测量与调试，消除干扰与自激振荡，以及放大电路各项动态参数的测量与调试等。

1. 放大电路静态工作点的测量与调试

（1）静态工作点的测量。测量放大电路的静态工作点，应在输入信号 $u_{\mathrm{i}}=0$ 的情况下进行，即将放大电路输入端与地端短接。然后选用量程合适的直流毫安表和直流电压表，测量晶体管的集电极电流 I_{C}、各电极对地的电位 U_{B}、U_{C} 和 U_{E}。

（2）静态工作点的调试。放大电路静态工作点的调试是指对 I_{C}（或 U_{E}）的调整与测试。静态工作点是否合适，对放大电路的性能和输出波形都有很大影响。

设单管共射放大电路中的晶体管为 NPN 管。如果静态工作点偏高，放大电路加入交流信号后，在输入电压的正半周，晶体管可能进入饱和区工作，使得输出电压容易产生饱和失真，此时 u_{o} 的负半周被削底，如图 2.2.2(a) 所示；如果静态工作点偏低，在输入电压的负半周，晶体管进入截止区工作，则易产生截止失真，u_{o} 的正半周被削顶，如图 2.2.2(b) 所示。

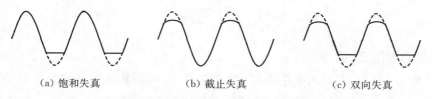

(a) 饱和失真   (b) 截止失真   (c) 双向失真

图 2.2.2　NPN 管单管共射放大电路的输出失真情况

这些情况都不符合放大电路不失真放大的要求。所以在选定工作点后,还必须进行动态调试,即在放大电路的输入端加入一定的输入电压 u_i,检查输出电压 u_o 的大小和波形是否满足要求。如果不满足,则应调节静态工作点。改变电路参数 V_{CC}、R_C、R_{B1}、R_{B2},都会引起静态工作点的变化。但通常多采用调节偏置电阻 R_{B2} 的方法来改变静态工作点,如减小 R_{B2},可使 U_B 升高,I_C 增大,U_{CE} 减小,则静态工作点提高。

最后还要说明的是,静态工作点"偏高"或"偏低"不是绝对的,应该是相对信号的幅度而言,如输入信号幅度很小,即使静态工作点较高或较低,也不一定会出现失真。所以确切地说,产生波形失真是因为信号幅度与静态工作点设置配合不当。如需满足较大信号幅度的要求,静态工作点最好尽量靠近交流负载线的中点。

2. 放大电路动态指标测试

放大电路动态指标包括电压放大倍数、输入电阻、输出电阻、最大不失真输出电压(动态范围)和通频带等。

(1) 电压放大倍数 $\dot{A}_u$ 的测量。调整放大电路到合适的静态工作点,然后加入输入电压 u_i,在输出电压 u_o 不失真的情况下,测量电压 U_i 和 U_o 的大小,则此实验电路的电压放大倍数如下:

$$\dot{A}_u = -\frac{U_o}{U_i}$$

(2) 输入电阻 R_i 的测量。为了测量放大电路的输入电阻,可按图 2.2.3 所示,在被测放大电路的输入端与信号源之间串入一已知电阻 R_S。

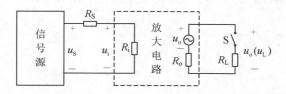

图 2.2.3　输入、输出电阻的测量电路

在放大电路正常工作的情况下,测出电压 U_S 和 U_i 的大小,则输入电阻 R_i 可估算如下:

$$R_i = \frac{U_i}{U_s - U_i} R_s$$

（3）输出电阻 R_o 的测量。

按图 2.2.3 所示，在放大电路正常工作的条件下，保持输入信号的大小不变，分别测量输出端不接入负载电阻 R_L（S 打开）时的输出电压 U_o 的值以及接入负载电阻 R_L（S 闭合）后的输出电压 U_L 的值，则输出电阻可计算如下：

$$R_o = \left(\frac{U_o}{U_L} - 1 \right) R_L$$

（4）最大不失真输出电压 U_{opp} 的测量。为了得到最大动态范围，应将静态工作点调在交流负载线的中点。为此，在放大电路正常工作的情况下，逐步增大输入信号的幅度，并同时调节 R_{W1}（改变静态工作点），用示波器观察输出电压 u_o，当输出波形同时出现削底和削顶现象，即双向失真［如图 2.2.2(c)］时，静态工作点已调在交流负载线的中点。然后，反复调整输入信号，使输出波形幅度最大且无明显失真时，用示波器直接读出输出电压的峰-峰值 U_{opp}。

（5）放大电路幅频特性的测量。放大电路的幅频特性是指放大电路的电压放大倍数 A_u 与输入信号频率 f 之间的关系曲线。单管阻容耦合放大电路的幅频特性曲线如图 2.2.4 所示。

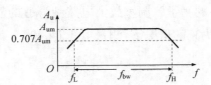

图 2.2.4　单管阻容耦合放大电路的幅频特性曲线

上图中，A_{um} 为中频电压放大倍数，通常规定电压放大倍数随频率变化下降到中频电压放大倍数的 $\frac{1}{\sqrt{2}}$ 倍，即 $0.707A_{um}$ 时，所对应的频率分别称为下限频率 f_L 和上限频率 f_H，则通频带可计算如下：

$$f_{bw} = f_H - f_L$$

放大电路的幅频特性就是测量不同频率信号时的电压放大倍数 A_u。为此，在输出波形不失真的前提下，保持输入信号幅度不变，只改变输入信号频率 f。每改变一个输入信号频率，测量其相应的电压放大倍数（或输出电压的大小）。测量时，应注意取点要恰当，在低频段与高频段应多测几个，在中频段可少测几个。

2.2.4 实验内容

1. 调节并测量静态工作点

（1）使用单管/负反馈两级放大器实验板的第一级，按照图 2.2.1，接入＋12 V 直流稳压电源、直流毫安表，完善电路接线，并把电路板上的开关拨到"通"，接通电路。

（2）将输入信号置零，即点 1 接地。

（3）调节电位器 R_{W1}，使 $I_C=2.0$ mA，用直流电压表或数字万用表测量表 2.2.1 中的各个静态工作点值。注意，测量 R_{B2} 时，要把与 R_{W1} 串联的开关拨到"断"。

表 2.2.1 放大电路的静态工作点

测量值					理论计算值		
U_B(V)	U_C(V)	U_E(V)	I_C(mA)	R_{B2}(kΩ)	U_{BE}(V)	U_{CE}(V)	I_C(mA)

2. 测量电压放大倍数、输入电阻、输出电阻

保持静态工作点不变（即 $I_C=2.0$ mA）。

（1）用函数信号发生器产生的正弦波作为放大电路的输入信号 u_S，将函数信号发生器的输出接在放大电路的输入端和地之间（即图 2.2.1 所示电路中端口 1-1′，红色夹子接点 1，黑色夹子接地或点 1′）。

（2）先不接入负载电阻 R_L，设置函数信号发生器输出波形的频率和幅值，使 u_S 的频率为 1 kHz，幅值约为 200～800 mV。

（3）用示波器观察放大电路输出电压 u_o 波形是否失真，如果有失真，要适当降低输入信号幅度。在输出波形不失真的条件下，用示波器分别测量 u_o、u_S、u_i 的峰-峰值 U_{pp}，记入表 2.2.2，并绘出 u_o、u_S、u_i 的波形和相位关系。

（4）保持输入信号 u_S 不变，接入负载电阻 $R_L=2.4$ kΩ，用示波器测量放大电路输出电压 u_L 的峰-峰值，并记入表 2.2.2。由测量值计算 A_u、R_i、R_o，并与理论值比较。

表 2.2.2 放大电路的动态指标

U_S(V)	U_i(V)	U_L(V)	U_o(V)	A_u	R_i	R_o	u_i 波形	u_o 波形
理论计算值								

3. 测量放大电路的通频带

保持静态工作点不变（即 $I_C=2.0$ mA）。

（1）将函数信号发生器产生的正弦波作为放大电路的输入信号 u_i，此时函数信号发生器的输出应接在图 2.2.1 所示电路的点 2 和点 1′之间(即红色夹子接点 2,黑色夹子接地或点 1′)。

(2) 用示波器观察放大电路输出电压 u_o 的波形。如果 u_o 有失真,要适当调小输入信号 u_i 的幅度,确保 u_o 的波形不失真。

(3) 在输出波形不失真的前提下,保持 u_i 的幅度不变,改变 u_i 的频率 f(从 10 Hz 开始,由低到高变化),在输出信号幅值由小变大,再由大变小的过程中,确定输出幅值基本不变的那个频段,即中频段或通频带,记下中频段的输入和输出电压的大小(U_i 和 U_o),记入表 2.2.3。

(4) 保持 u_i 的幅度不变,逐渐调小 u_i 的频率,当输出电压 U_o 的大小为中频电压的 0.707 倍时,对应的频率即为下限截止频率 f_L,并把 f_L 和对应输出电压的大小记入表 2.2.3。

(5) 保持 u_i 的幅度不变,逐渐调大 u_i 的频率,当输出电压 U_o 的大小为中频电压的 0.707 倍时,对应的频率即为上限截止频率 f_H,并把 f_H 和对应输出电压的大小记入表 2.2.3。

(6) 在 f_L 和 f_H 之间及左右各找几个点进行测量,并把频率以及对应的输出电压的大小记入表 2.2.3。

(7) 依据表 2.2.3 中的数据,计算电压放大倍数 $|A_u| = \dfrac{U_o}{U_i}$,绘制出放大电路幅频特性曲线。

表 2.2.3　放大电路幅频特性的测量

中频段: $U_i =$ ____ V		$U_o =$ ____ V				0.707$U_o =$ ____ V		
f(kHz)	$f_1 =$	$f_2 =$	$f_L =$	$f_3 =$	$f_4 =$	$f_5 =$	$f_H =$	$f_6 =$	$f_7 =$
U_o(V)									
$|A_u|$									

4. 观察静态工作点对放大电路性能的影响

(1) 在实验内容 2 或实验内容 3 使用的电路中,可不接入负载电阻 R_L,保持静态工作点不变,即 $I_C = 2.0$ mA。用示波器观测输出电压 u_o。调节输入信号的频率为 1 kHz。逐步加大输入信号的大小,使输出电压 u_o 足够大但不失真,绘出 u_o 波形,并用直流电压表测出 I_C 和 U_{CE} 值(注意:测量 I_C 和 U_{CE} 时,必须断开输入信号,测完后再接回),记入表 2.2.4。

(2) 保持输入信号不变,改变静态工作点,即调小电位器 R_{W1},此时直流毫安表显示的 I_C 值应变大。直到输出电压 u_o 波形出现较明显失真,绘出 u_o 的波形,并用直流电压表测出失真情况下的 I_C 和 U_{CE} 值(注意:测量 I_C 和 U_{CE} 时,必须断开输入信号,测完后再接回),记入表 2.2.4。

(3) 保持输入信号不变,调大电位器 R_{W1},此时直流毫安表显示的 I_C 值应变小。直到输出电压 u_o 波形出现较明显失真,绘出 u_o 的波形,并用直流电压表测出失真情况下的 I_C 和 U_{CE} 值(注意:测量 I_C 和 U_{CE} 时,必须断开输入信号,测完后再接回),记入表 2.2.4。

表 2.2.4　静态工作点的影响

I_C(mA)	U_{CE}(V)	u_o 波形	失真情况	晶体管工作状态

2.2.5　预习要求

1. 熟悉实验原理电路图,了解各元器件、测试点及开关的位置和作用。

2. 放大电路静态、动态指标的理论计算和测量方法。

3. 根据电路参数估算有关待测的数据指标,见表 2.2.1 中 U_B、U_{CE}、I_C 和表 2.2.2 中的 A_u、R_i、R_o 的理论计算值(设 T 是硅管,其 $U_{BE}=0.7$ V,$\beta=50$,$R_{B1}=20$ kΩ,$R_{B2}=60$ kΩ)。

4. 放大电路中其他参数不变,讨论上偏置电阻 R_{B2} 对静态值 I_C 和 U_{CE} 的影响。

5. 放大电路上限频率、下限频率、通频带的概念。

6. 常用电子仪器的使用方法。

2.2.6　实验报告要求

1. 由表 2.2.1 所测数据,把 U_B、U_{CE} 和理论计算值进行比较,分析产生误差的主要原因。

2. 由表 2.2.2 所测数据,讨论负载电阻对电压放大倍数的影响。

3. 由表 2.2.3 中的数据,讨论信号频率对放大电路输出电压、电压放大倍数的影响。

4. 由表 2.2.4 中的数据,讨论静态工作点对放大电路输出波形的影响。

2.2.7 思考题

1. 由晶体管的三个电极电位,如何确定晶体管的工作区?
2. 若放大电路的输出波形分别出现截止失真、饱和失真、双向失真,应如何解决?

2.3 射极跟随器

2.3.1 实验目的

1. 掌握射极跟随器的特性及测试方法。
2. 进一步学习放大电路各项参数的测试方法。

2.3.2 实验设备与器件

+12 V 直流稳压电源,函数信号发生器,示波器,直流电压表,数字万用电表,射极跟随器实验板,5.1 kΩ 电阻。

2.3.3 实验电路和原理

图 2.3.1 所示是共集放大电路,交流信号 u_S 输入时,产生动态的基极电流,通过晶体管得到放大的射极电流。在发射极电阻 R_E 和负载电阻 R_L 上产生的交流电压即为输出电压 u_o。由于输出电压由发射极获得,所以也称为射极输出器。该电路的输入电阻高,输出电阻低,电压放大倍数接近于 1,$u_o \approx u_i$,即输出电压能够在较大范围内跟随输入电压作线性变化,故常称共集电极放大电路为射极跟随器。

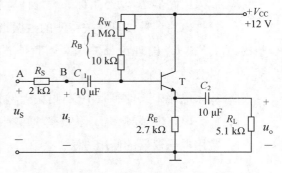

图 2.3.1 共集放大电路(射极跟随器)

该电路的主要性能指标的估算可参考如下:

1. 输入电阻

理论值:
$$R_i = R_B // [r_{be} + (1+\beta)(R_E // R_L)]$$

可见,发射极回路的电阻 $R_E // R_L$ 等效到基极回路时,增大到原来的 $(1+\beta)$ 倍,使得电路的输入电阻大大提高了。

实验值：
$$R_i = \frac{U_i}{U_S - U_i} R_S \qquad （测量值：U_i 和 U_S）$$

2. 输出电阻

理论值：
$$R_o = R_E // \frac{[r_{be} + (R_B // R_S)]}{1 + \beta}$$

可见，基极回路的总电阻 $[r_{be} + (R_B // R_S)]$ 等效到射极回路时，减小到原来的 $1/(1 + \beta)$，因此输出电阻很低，电路的负载能力大大提高了。

实验值：$R_o = \left(\dfrac{U_o}{U_L} - 1\right) R_L$ （测量值：空载时输出电压 U_o 和负载时输出电压 U_L）

3. 电压放大倍数

理论值：
$$\dot{A}_u = \frac{(1 + \beta)(R_E // R_L)}{r_{be} + (1 + \beta)(R_E // R_L)}$$

上式表明，射极跟随器的电压放大倍数大于 0 且小于 1，且输出电压和输入电压同相。当 $(1 + \beta)(R_E // R_L) \gg r_{be}$ 时，$\dot{A}_u \approx 1$，即 $u_o \approx u_i$。

实验值：
$$A_u = \frac{U_o}{U_i} \qquad （测量值：U_i 和 U_o）$$

2.3.4 实验内容

1. 调节并测量静态工作点

(1) 按照图 2.3.1，接入 +12 V 直流电源，完善电路接线。

(2) 接通 +12 V 直流电源，在图 2.3.1 所示的 B 点加入 $f = 1\,\text{kHz}$ 的正弦信号 u_i，用示波器监视输出端 u_o 的波形。

(3) 调节函数信号发生器的输出幅度，使输入信号 u_i 的幅值从 0（或者较小值）开始增大，并反复调整 R_W，直到在示波器的屏幕上得到一个最大且不失真的输出波形。

(4) 置 $u_i = 0$，用直流电压表测量晶体管各电极对地电位，将测得数据记入表 2.3.1，并计算静态发射极电流 I_E。

表 2.3.1　静态工作点的实验值

U_C(V)	U_B(V)	U_E(V)	I_E(mA)

2. 测量放大电路的动态指标

在下面整个测试过程中,应保持 R_W 值不变(即保持静态工作点 I_E 不变):

(1)测量电压放大倍数 A_u:

① 在电路的输出端接入负载 $R_L=5.1\,kΩ$,依旧在 B 点加入 $f=1\,kHz$ 的正弦信号 u_i。

② 调节输入信号 u_i 的幅度,用示波器观察输出电压 u_o 波形,在输出最大且不失真的情况下,用示波器(或万用表)测量 U_i、U_L 的值,记入表 2.3.2,并计算电压放大倍数 A_u。

表 2.3.2 电压放大倍数的实验值

$U_i(V)$	$U_L(V)$	A_u

(2)测量输出电阻 R_o:

① 接上负载 $R_L=5.1\,kΩ$,在 B 点加入 $f=1\,kHz$ 的正弦信号 u_i,用示波器监视输出波形,在输出不失真的前提下,测量负载时输出电压 U_L 的值,记入表 2.3.3。

② 去掉负载,测量空载时输出电压 U_o 的值,记入表 2.3.3,并计算输出电阻 R_o。

表 2.3.3 输入电阻的实验值

$U_L(V)$	$U_o(V)$	$R_o(kΩ)$

(3)测试电压跟随特性:

接入负载 $R_L=5.1\,kΩ$,在 B 点加入 $f=1\,kHz$ 的正弦信号 u_i,用示波器监视输出波形,在输出不失真的前提下,任取几个 u_i 点并测量对应的电压 U_i 以及输出电压 U_L 的值,记入表 2.3.4。

表 2.3.4 电压跟随特性的实验值

$U_i(V)$						
$U_L(V)$						

(4)测量输入电阻 R_i:

在图 2.3.1 所示的 A 点加入 $f=1\,kHz$ 的正弦信号 u_s,接上负载 $R_L=5.1\,kΩ$,用示波器监视输出波形,在输出不失真的前提下,用示波器(或万用表)分别测出 A 点 U_s、B 点 U_i 的值,记入表 2.3.5,并计算输入电阻 R_i。

表 2.3.5 输出电阻的实验值

$U_s(V)$	$U_i(V)$	$R_i(kΩ)$

2.3.5　预习要求

1. 复习教材中有关射极跟随器(共集放大电路)的内容。
2. 根据实验电路图的元件参数,估算有关的测试数据。(设$R_B = 75 \text{ k}\Omega$,晶体管的$\beta = 50$, $U_{BE} = 0.7 \text{ V}$)

2.3.6　实验报告要求

1. 整理表2.3.1~表2.3.5中的实验数据。
2. 由表2.3.3所测数据,讨论负载电阻对电压放大倍数的影响。
3. 整理表2.3.4中的实验数据,并画出$U_L = f(U_i)$关系曲线,验证电路的电压跟随特性。
4. 分析射极跟随器的性能和特点。

2.3.7　思考题

1. 在调节电路的静态工作点时,在增大输入信号u_i的幅值的同时,为什么要反复调整R_w,直到得到输出波形最大且不失真?
2. 射极跟随器有没有放大作用? 放大的是什么信号?

2.4　差分放大电路

2.4.1　实验目的

1. 加深对差分放大电路性能及特点的理解。
2. 学习差分放大电路主要性能指标的测试方法。

2.4.2　实验设备

$\pm 12 \text{ V}$直流电源,函数信号发生器,示波器,直流电压表,数字万用表,差动放大器实验板。

2.4.3　实验电路和原理

图2.4.1所示是差分放大电路的基本结构。它由两个元件参数相同的基本共射放大电路组成。当开关K拨向左边时,构成长尾式差分放大电路。调零电位器R_P用来调

节 T_1、T_2 管的静态工作点,使得在输入信号 $u_i=0$ 时,双端输出电压 $u_o=0$。R_E 为两管共用的发射极电阻,它对差模信号无负反馈作用,因而不影响差模电压的放大倍数,但对共模信号有较强的负反馈作用,故可以有效地抑制零漂,稳定静态工作点。

当开关 K 拨向右边时,构成具有恒流源的差分放大电路。它用晶体管恒流源代替发射极电阻 R_E,可以增强对共模信号的负反馈作用,进一步提高差分放大电路抑制共模信号的能力。

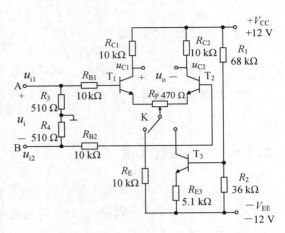

图 2.4.1　差分放大电路的实验电路

1. 静态分析

图 2.4.1 中,$R_{B1}=R_{B2}=R_B$,$R_{C1}=R_{C2}=R_C$,设晶体管的 $U_{BE}=0.7\ \text{V}$,$\beta=50$,当开关 K 拨向左边时,静态工作点可估算如下:

基极电流
$$I_B=\dfrac{V_{EE}-U_{BE}}{R_B+(1+\beta)\left(2R_E+\dfrac{R_P}{2}\right)}$$

集电极电流　$\quad\quad I_C=\beta I_B$

基极电位　　　$\quad\quad U_B=-I_B R_B$

集电极电位　　$\quad\quad U_C=V_{CC}-I_C R_C$

发射极电位　　$\quad\quad U_E=U_B-U_{BE}$

2. 对差模信号的放大作用

差模电压放大倍数 A_d 由输出端方式决定,而与输入方式无关。当给电路输入差模信号,即在图 2.4.1 中输入信号 $u_i(\Delta u_{id})$ 加于 A、B 两端,此时的输出电压 u_o 记为 Δu_{od},则有 $\Delta u_{i1}=\Delta u_{id}/2$, $\Delta u_{i2}=-\Delta u_{id}/2$, $\Delta u_{C1}=\Delta u_{od}/2$, $\Delta u_{C2}=-\Delta u_{od}/2$。

(1) 双端输出。不管开关 K 拨向哪一边,其差模电压放大倍数可估算如下:

$$A_d=\dfrac{\Delta u_{od}}{\Delta u_{id}}=-\dfrac{\beta R_C}{R_B+r_{be}+(1+\beta)\dfrac{R_P}{2}}$$

其中,晶体管的动态电阻 r_{be} 可由下式估算:

$$r_{be}=300+\beta\dfrac{26\ (\text{mV})}{I_C(\text{mA})}$$

可见,差分放大电路的电压放大能力只相当于单管共射放大电路。

(2) 单端输出。当电路是单端输出时,显然在相同的输入信号下,输出电压是双端输出方式时的 1/2,所以差模电压放大倍数也为双端输出时的 1/2,即:

$$A_{\mathrm{d}} = \frac{\pm \Delta u_{\mathrm{od}}}{\Delta u_{\mathrm{id}}} = \mp \frac{1}{2} \frac{\beta R_{\mathrm{C}}}{R_{\mathrm{B}} + r_{\mathrm{be}} + (1+\beta) \dfrac{R_{\mathrm{P}}}{2}}$$

3. 对共模信号的抑制作用

当给电路输入共模信号,即在图 2.4.1 中把 A、B 两点相连,输入信号 u_{i}(Δu_{ic}) 加到 A 与地之间,此时的输出电压 u_{o} 记为 Δu_{oc},则有 $\Delta u_{\mathrm{i1}} = \Delta u_{\mathrm{i2}} = \Delta u_{\mathrm{ic}}$,$\Delta u_{\mathrm{C1}} = \Delta u_{\mathrm{C2}}$。

(1) 双端输出。不管开关 K 拨向哪边,在理想情况下,$\Delta u_{\mathrm{oc}} = \Delta u_{\mathrm{C1}} - \Delta u_{\mathrm{C2}} = 0$,则共模电压放大倍数可估算如下:

$$A_{\mathrm{c}} = \frac{\Delta u_{\mathrm{oc}}}{\Delta u_{\mathrm{ic}}} = 0$$

可见,此时的差分放大电路具有很强的共模信号抑制能力。

(2) 单端输出。当开关 K 拨向左边,接成长尾式差分放大电路时,共模电压放大倍数可估算如下:

$$A_{\mathrm{c}} = -\frac{\beta R_{\mathrm{C}}}{R_{\mathrm{B}} + r_{\mathrm{be}} + (1+\beta)\left(2R_{\mathrm{E}} + \dfrac{R_{\mathrm{P}}}{2}\right)} \approx -\frac{R_{\mathrm{C}}}{2R_{\mathrm{E}}}$$

可见,单端输出时,差分放大电路并没有完全抑制共模信号。

当开关 K 拨向右边,接成具有恒流源的差分放大电路时,由于恒流源的内阻无穷大,相当于 T_1 管和 T_2 管的发射极接了一个阻值无穷大的电阻,此时:

$$A_{\mathrm{c}} \approx 0$$

所以,具有恒流源的差分放大电路对共模信号的抑制能力比长尾式差分放大电路的好。

4. 共模抑制比 K_{CMR}

从 $K_{\mathrm{CMR}} = \left| \dfrac{A_{\mathrm{d}}}{A_{\mathrm{c}}} \right|$ 可知,欲使 K_{CMR} 大,就要求 A_{d} 大、A_{c} 小。结合以上分析,可知:

(1) 对于长尾式差分放大电路,当采用双端输出连接方式时,其共模抑制比为

$$K_{\mathrm{CMR}} = \infty$$

当采用单端输出连接方式时，其共模抑制比为

$$K_{CMR} = \frac{R_B + r_{be} + (1+\beta)\left(2R_E + \dfrac{R_p}{2}\right)}{2(R_B + r_{be}) + (1+\beta)R_p}$$

（2）对于具有恒流源的差分放大电路，不管采用哪一种输出连接方式，其共模抑制比为

$$K_{CMR} = \infty$$

2.4.4 实验内容

1. 测量静态工作点

按图 2.4.1 连接实验电路，将开关 K 拨向左边，构成长尾式差分放大电路。

（1）调节放大电路零点。不接入信号源，将放大电路输入端 A、B 与地短接，接通 ±12 V 直流电源，用直流电压表测量输出电压 U_o，调节调零电位器 R_P，使 $U_o = 0$。调节要仔细，力求准确。

（2）测量静态工作点。零点调好以后，用直流电压表测量 T_1、T_2 管各电极的电位，记入表 2.4.1。

表 2.4.1 静态工作点的数据

	$U_{C1}(V)$	$U_{B1}(V)$	$U_{E1}(V)$	$U_{C2}(V)$	$U_{B2}(V)$	$U_{E2}(V)$
测量值						

	$I_B(mA)$		$I_C(mA)$		$U_C(V)$	
理论计算值						

2. 测量差模电压放大倍数

（1）将开关 K 拨向左边，构成长尾式差分放大电路，接通 ±12 V 直流电源，在放大电路的输入端 A、B 之间加入频率 $f = 1$ kHz、幅值约为 $200 \sim 800$ mV 的正弦信号 u_i，用示波器观察输出电压 u_o 的波形，若 u_o 失真，可调小输入信号 u_i 的幅值。

（2）在输出波形无失真的情况下，用示波器（或万用表）测量 U_i、U_{C1}、U_{C2}、U_o 的值，记入表 2.4.2，并通过示波器观察 u_i、u_{C1}、u_{C2} 之间的相位关系。

（3）保持 u_i 不变，将开关 K 拨向右边，构成具有恒流源的差分放大电路，用示波器（或万用表）测量 U_i、U_{C1}、U_{C2}、U_o 的值，记入表 2.4.2。

3. 测量共模电压放大倍数

(1) 将开关 K 拨向左边,构成长尾式差分放大电路,把 A、B 两点相连,将输入信号 u_i 加到 A 与地之间,构成共模输入方式,调节输入信号频率 $f = 1$ kHz、幅值约为 $1 \sim 2$ V,用示波器观察差分放大电路的单端输出电压有无失真。

(2) 在单端输出电压无失真的情况下,用示波器(或万用表)测量 U_i、U_{C1}、U_{C2}、U_o 的值,记入表 2.4.2,并观察 u_i、u_{C1}、u_{C2} 之间的相位关系。

(3) 将开关 K 拨向右边,构成具有恒流源的差分放大电路,测量 U_i、U_{C1}、U_{C2}、U_o,记入表 2.4.2。

表 2.4.2　差分放大电路的动态性能

项目	长尾式差分放大电路						具有恒流源差分放大电路					
差模输入	实验值					理论值	实验值					理论值
	U_i	U_{C1}	U_{C2}	U_o	A_d	A_d	U_i	U_{C1}	U_{C2}	U_o	A_d	A_d
共模输入	实验值					理论值	实验值					理论值
	U_i	U_{C1}	U_{C2}	U_o	A_c	A_c	U_i	U_{C1}	U_{C2}	U_o	A_c	A_c

2.4.5　预习要求

1. 根据实验电路参数,估算长尾式差分放大电路的静态工作点,以及长尾式差分放大电路和具有恒流源的差分放大电路在双端输出方式下的差模电压放大倍数 A_d 和共模电压放大倍数 A_c。

2. 测量静态工作点时,放大电路输入端 A、B 与地应如何连接?

3. 实验中怎样获得双端差模信号?怎样获得共模信号?分别对应这两种输入要求,画出 A、B 端与信号源之间的连接图。

4. 怎样进行静态调零点?此时用什么仪表测 U_o?

2.4.6　实验报告要求

1. 按表 2.4.1 和表 2.4.2 整理实验数据,比较实验结果和理论估算值,分析误差原因。

2. 比较 u_i、u_{C1} 和 u_{C2} 之间的相位关系。

3. 根据实验结果,比较长尾式差分放大电路与具有恒流源的差分放大电路对差模信号的放大作用,以及对共模信号的抑制作用。

4. 根据实验结果,总结电阻 R_E 和恒流源的作用。

2.4.7　思考题

1. 为什么要用电位器 R_P 调零,使静态时 $U_o=0$?
2. 长尾式差分放大电路的射极电阻 R_E 是否越大越好,为什么?

2.5　两级放大电路/负反馈放大电路

2.5.1　实验目的

1. 进一步熟悉放大电路静态工作点的设置以及动态性能指标的测试。
2. 加深理解放大电路中引入负反馈的方法和负反馈对放大电路各项性能指标的影响。

2.5.2　实验设备与器件

＋12 V 直流稳压电源,函数信号发生器,示波器,直流电压表,数字万用电表,单管/负反馈两级放大器实验板,2.4 kΩ 电阻。

2.5.3　实验电路和原理

负反馈在电子电路中有非常广泛的应用。引入交流负反馈,虽然会降低放大电路的放大倍数,但电路性能会得到多方面的改善,如稳定放大倍数、改变输入电阻和输出电阻、减小非线性失真和展宽通频带等。因此,几乎所有的实用放大电路都带有负反馈。

交流负反馈有四种基本组态,即电压串联、电压并联、电流串联、电流并联。本实验以电压串联负反馈为例,分析负反馈对放大电路各项性能指标的影响。

图 2.5.1 所示是带有负反馈的两级阻容耦合放大电路,在电路中通过 R_f 和 C_f 串联的支路把输出电压 u_o 引回到输入级的晶体管 T_1 的发射极上。根据反馈的判断方法可知,电路引入了电压串联交流负反馈。

为了更有力地说明负反馈对放大电路性能的影响,本实验需要测量引入反馈前后电路的动态参数,即基本放大电路和负反馈放大电路的动态指标,以便对比分析。

1. 基本放大电路的动态指标

是否能简单地将图 2.5.1 所示电路断开反馈支路,得到无负反馈的基本放大电路?实际操作时,应该做到既要去掉反馈作用,又要把反馈网络的影响(负载效应)考虑到基

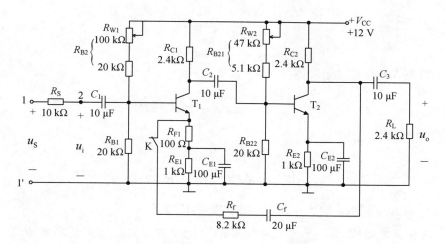

图 2.5.1 两级负反馈放大电路

本放大电路中。为此可参考如下规律：

（1）在画基本放大电路的输入回路时，因为是电压负反馈，所以可将负反馈放大电路的输出端交流短路，即令 $u_o = 0$，此时 R_f 相当于并联在 R_{F1} 上。

（2）在画基本放大电路的输出回路时，由于输入端是串联负反馈，因此需将负反馈放大电路的输入端（T_1 管的射极）开路，此时（$R_f + R_{F1}$）相当于并联在输出端。

由此可得到符合要求的基本放大电路，如图 2.5.2 所示。

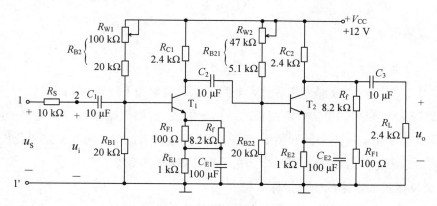

图 2.5.2 基本放大电路

基本放大电路是一个两级放大电路，采用共射-共射的组态。它的主要性能指标可估算如下：

第一级放大电路的动态参数为：

$$A_{u1} = -\frac{\beta_1(R_{C1}//R_{i2})}{r_{be1} + (1+\beta_1)(R_{F1}//R_f)}$$

$$R_{i1} = R_{B1} // R_{B2} // [r_{be1} + (1+\beta_1)(R_{F1}//R_f)]$$

$$R_{o1} \approx R_{C1}$$

第二级放大电路的动态参数为：

$$A_{u2} = -\frac{\beta_2[R_{C2}//R_L//(R_{F1}+R_f)]}{r_{be2}}$$

$$R_{i2} = R_{B21} // R_{B22} // r_{be2}$$

$$R_{o2} \approx R_{C2} // (R_{F1}+R_f)$$

设 $R_{F1} \ll R_f$，则基本放大电路的动态参数估算如下：

（1）电压放大倍数 A_u。基本放大电路的电压放大倍数也称为开环电压放大倍数。由多级放大电路的动态分析，得：

$$A_u = A_{u1} \cdot A_{u2} \approx \frac{\beta_1(R_{C1}//R_{B21}//R_{B22}//r_{be2})}{r_{be1}+(1+\beta_1)R_{F1}} \cdot \frac{\beta_2(R_{C2}//R_L//R_f)}{r_{be2}}$$

（2）输入电阻 R_i：

$$R_i = R_{i1} \approx R_{B1} // R_{B2} // [r_{be1}+(1+\beta_1)R_{F1}] = R_{B1}//R_{B2}//R_i'$$

（3）输出电阻 R_o：

$$R_o = R_{o2} \approx R_{C2}//R_f$$

（4）通频带 f_{bw}：

$$f_{bw} = f_H - f_L$$

上式中，f_H 和 f_L 分别是基本放大电路的上限频率和下限频率。

这里要说明的是，如果实验电路板的结构不能改变，那么做基本放大电路的测量时，只能将图 2.5.1 所示电路中的开关 K 断开，这必然会带来误差。但实验结果仍能体现引入反馈前后放大电路性能的差别。那么在上述计算中，就不要考虑 R_f。

2. 负反馈放大电路的动态指标

对于图 2.5.1 所示的负反馈放大电路，其主要性能指标如下：

（1）反馈系数 F_u。在深度负反馈的条件下，可估算电路的反馈系数：

$$F_u = \frac{R_{F1}}{R_f+R_{F1}}$$

（2）闭环电压放大倍数 A_{uf}：

$$A_{uf} = \frac{A_u}{1+A_uF_u}$$

其中，A_u 是开环电压放大倍数。当电路引入交流负反馈时，$1+A_uF_u>1$，$|A_{uf}|<|A_u|$。

在深度负反馈的条件下，可估算图 2.5.1 所示电路的闭环电压放大倍数：

$$A_{uf}=1+\frac{R_f}{R_{F1}}$$

（3）输入电阻 R_{if}：

$$R_{if}=R_{B1}//R_{B2}//(1+A_uF_u)R_i'$$

上式中，$R_i'\approx r_{be1}+(1+\beta_1)R_{F1}$。可见，引入串联负反馈会使输入电阻增大。

（4）输出电阻 R_{of}

$$R_{of}\approx\frac{R_o}{1+A_{uo}F_u}$$

上式中，A_{uo} 是基本放大电路空载（$R_L=\infty$）时的电压放大倍数。可见，引入电压负反馈会减小电路的输出电阻，增强电路的带负载能力。

（5）通频带 f_{bwf}：

$$f_{bwf}=f_{Hf}-f_{Lf}=(1+A_uF_u)f_{bw}$$

上式中，f_{Hf} 和 f_{Lf} 分别是负反馈放大电路的上限频率和下限频率。可见，引入负反馈会展宽电路的通频带。

2.5.4　实验内容

1. 调节并测量静态工作点

（1）按照图 2.5.1，接入 +12 V 直流电源，完善电路接线，并把电路板上的开关全拨到"通"，接通电路。

（2）将输入信号置零，即点 1 接地。

（3）分别调节电位器 R_{W1} 和 R_{W2}，使两晶体管的发射极电位 $U_{E1}=U_{E2}=2.3$ V，用直流电压表或万用表分别测量第一级、第二级的静态工作点，记入表 2.5.1。

表 2.5.1　静态工作点的测量值

项目	U_B(V)	U_E(V)	U_C(V)
第一级			
第二级			

2. 测量放大电路的中频电压放大倍数、输入电阻和输出电阻

（1）基本放大电路的测量，即测量无反馈时放大电路的各项性能指标。

① 在实验电路板上断开负反馈支路开关（图 2.5.1 中的 K），即构成基本放大电路。

（条件允许的话,加入合适的电阻,将实验电路按图 2.5.2 改接。）

② 用函数信号发生器产生的正弦波作为放大电路的输入信号 u_S,将函数信号发生器的输出接在放大电路的输入端和地之间(即图 2.5.1 的端口 $1-1'$ 之间)。

③ 先不接入负载电阻 R_L,设置函数信号发生器输出波形的频率和幅值,使 u_S 的频率为 1 kHz,幅值约为 5~10 mV。

④ 用示波器观察放大电路输出电压 u_o 波形是否失真,如果有失真,要适当降低输入信号幅度。在输出波形不失真的条件下,用示波器分别测量 u_o、u_S、u_i 的峰-峰值,记入表 2.5.2。

⑤ 保持输入信号 u_S 不变,接入负载电阻 $R_L = 2.4$ kΩ,用示波器测量放大电路输出电压 u_L 的峰-峰值,并记入表 2.5.2。

⑥ 计算电压放大倍数 A_u、输入电阻 R_i、输出电阻 R_o。

表 2.5.2 放大电路的中频电压放大倍数、输入电阻和输出电阻的测量

项目	U_S(mV)	U_i(mV)	U_L(V)	U_o(V)	A_u (或 A_{uf})	R_i (或 R_{if})	R_o (或 R_{of})
基本放大电路							
负反馈放大电路							

(2) 负反馈放大电路的测量。

① 在实验电路板上接通负反馈支路开关(只需闭合图 2.5.1 中的 K),即构成负反馈放大电路。

② 按照"(1)基本放大电路的测量"的步骤④和⑤,测量 u_S、u_i、u_o、u_L 的峰-峰值,并记入表 2.5.2。

③ 计算电压放大倍数 A_{uf}、输入电阻 R_{if}、输出电阻 R_{of}。

3. 测量放大电路的通频带

(1) 接上 R_L,给放大电路合适的输入信号 u_S(频率为 1 kHz,幅值约为 5~10 mV),断开负反馈支路开关 K,在输出电压 u_L 不失真的前提下,测量基本放大电路的中频输出电压的大小 U_L,并计算 $0.707U_L$,记入表 2.5.3。

(2) 保持 u_S 的幅值不变,分别增加和减小输入信号的频率 f,使输出电压的大小等于其中频输出电压 U_L 的 0.707 倍,得出上、下限频率 f_H 和 f_L,计算通频带 f_{bw},记入表 2.5.3。

(3) 保持中的 u_S 的幅值不变,调节频率为 1 kHz,接通负反馈支路开关 K,测量负反馈放大电路的中频输出电压的大小 U_L,并计算 $0.707U_L$,记入表 2.5.3。

(4) 保持 u_S 的幅值不变,分别增加和减小输入信号的频率 f,使输出电压的大小等

于其中频输出电压的 0.707 倍,得出上、下限频率 f_{Hf} 和 f_{Lf},计算通频带 f_{bwf},记入表 2.5.3。

表 2.5.3　放大电路的通频带测量

	$U_L(V)$	$0.707U_L(V)$	f_L 或 $f_{Lf}(Hz)$	f_H 或 $f_{Hf}(kHz)$	f_{bw} 或 $f_{bwf}(kHz)$
基本放大电路					
负反馈放大电路					

2.5.5　预习要求

1. 复习教材中有关负反馈放大电路的内容。

2. 按实验电路(图 2.5.1)估算放大电路的静态工作点(设 T_1、T_2 是硅管,其 $U_{BE}=0.7\ V$,$\beta=50$,$R_{B1}=R_{B22}=20\ k\Omega$,$R_{B2}=R_{B21}=60\ k\Omega$)。

3. 怎样把负反馈放大电路改接成基本放大电路? 为什么要把 R_f 并接在输入和输出端?

4. 估算基本放大电路的 A_u、R_i 和 R_o;估算负反馈放大电路的 A_{uf}、R_{if} 和 R_{of}。

5. 放大电路上限频率、下限频率、通频带的概念。

2.5.6　实验报告要求

1. 将基本放大电路和负反馈放大电路动态参数的实测值和理论估算值列表进行比较。

2. 根据实验结果,总结电压串联负反馈对放大电路性能的影响。

2.5.7　思考题

1. 如按深度负反馈估算,则闭环电压放大倍数 $A_{uf}=$? 它和测量值是否一致? 为什么?

2. 如输入信号存在失真,能否用负反馈来改善?

2.6　由集成运算放大器组成的基本运算电路

2.6.1　实验目的

1. 学习集成运算放大器的基本使用方法。

2. 研究由集成运算放大器组成的比例、加法、减法等基本运算电路的功能。

3. 了解集成运算放大器在实际应用时应考虑的一些问题。

2.6.2　实验设备

±12 V 直流电源,直流信号源(或函数信号发生器),数字万用表,集成运算放大器 LM324(其管脚图见图 2.6.1)、电阻若干。

2.6.3　实验电路和原理

集成运算放大器是一种具有高电压放大倍数的多级直接耦合放大电路。当外部接入不同的线性或非线性元器件组成输入回路和负反馈回路时,可以实现不同的函数关系。在线性应用方面,可组成比例、加法、减法、积分、微分、对数等模拟运算电路。

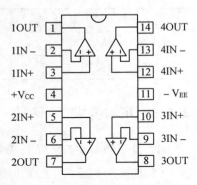

图 2.6.1　LM324 的管脚图

1. 反相比例运算电路

反相比例运算电路如图 2.6.2 所示。对于理想运放,此电路的输出电压 u_O 与输入电压 u_I 之间的运算关系如下:

$$u_O = -\frac{R_f}{R_1}u_I$$

为了保证集成运放输入级差分放大电路外接电阻的对称性,接入平衡电阻 $R' = R_1 /\!/ R_f$。

2. 同相比例运算电路

同相比例运算电路如图 2.6.3 所示,其输出电压 u_O 与输入电压 u_I 之间的运算关系为

$$u_O = \left(1 + \frac{R_f}{R_1}\right)u_I$$

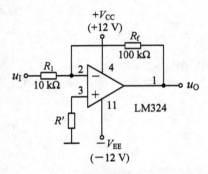

图 2.6.2　反相比例运算电路

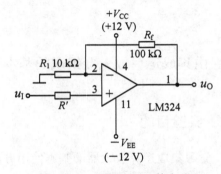

图 2.6.3　同相比例运算电路

3. 反相加法电路

图 2.6.4 所示为反相加法电路，其输出电压 u_O 与输入电压 u_{I1}、u_{I2} 之间的运算关系如下：

$$u_O = -\left(\frac{R_f}{R_1}u_{I1} + \frac{R_f}{R_2}u_{I2}\right)$$

此电路中的平衡电阻 $R' = R_1 // R_2 // R_f$。

4. 减法电路（差分比例运算电路）

对于图 2.6.5 所示的减法运算电路，当 $R_1 = R_2$，$R_3 = R_f$ 时，电路实现的运算关系如下：

$$u_O = \frac{R_f}{R_1}(u_{I2} - u_{I1})$$

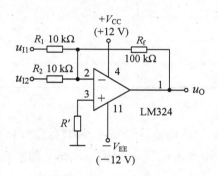

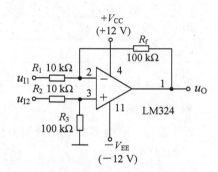

图 2.6.4　反相加法电路　　　　　　　　图 2.6.5　减法电路

2.6.4　实验内容

实验前要看清运放组件各管脚的位置；切忌正、负电源极性接反和输出端短路，否则将会损坏集成块。

实验中，各运算电路的输入信号（u_I 或 u_{I1}、u_{I2}）为直流信号，可用直流信号源或函数信号发生器提供。若利用函数信号发生器提供，可设置信号发生器产生信号的"幅值"为最小（如 2 mV），"偏移"值等于实验中要求的输入信号的大小。

1. 反相比例运算电路

（1）按图 2.6.2 连接实验电路。在输入端加直流信号 u_I，按表 2.6.1 调节 u_I 的大小，用直流电压表测量 u_I 和输出电压 u_O，填入表 2.6.1。

（2）根据测量值计算电压放大倍数 $A_f = \dfrac{u_O}{u_I}$，填入表 2.6.1。

表 2.6.1　反相比例运算电路的测量

u_I	0.2 V	0.4 V	1.5 V	-0.3 V	-0.5 V
u_O 测量值					
A_f					
u_O 理论值					

2. 同相比例运算电路

（1）按图 2.6.3 连接实验电路。按表 2.6.2 调节 u_I 的大小,用直流电压表测量 u_I 和输出电压 u_O,填入表 2.6.2。

（2）根据测量值计算电压放大倍数 $A_f = \dfrac{u_O}{u_I}$,填入表 2.6.2。

表 2.6.2　同相比例运算电路的测量

u_I	0.2 V	0.4 V	0.7 V	-0.3 V	-0.5 V
u_O 测量值					
A_f					
u_O 理论值					

3. 反相加法电路

（1）按图 2.6.4 连接实验电路。用直流信号源或函数信号发生器的两路输出分别作为 u_{I1}、u_{I2}。按表 2.6.3 调节 u_{I1}、u_{I2} 的大小,用直流电压表测量 u_{I1}、u_{I2} 和输出电压 u_O,填入表 2.6.3。

（2）根据测量值计算电压放大倍数 $A_f = \dfrac{u_O}{u_{I1} + u_{I2}}$,填入表 2.6.3。

表 2.6.3　反相加法电路的测量

u_{I1}	0.2 V	0.4 V	0.7 V	-0.3 V	-0.5 V
u_{I2}	0.3 VV	-0.8 V	-0.1 V	0.8 V	-0.1 V
u_O 测量值					
A_f					
u_O 理论值					

4. 减法电路

（1）按图 2.6.5 连接实验电路。按表 2.6.4 调节 u_{I1}、u_{I2} 的大小,用直流电压表测量 u_{I1}、u_{I2} 和输出电压 u_O,填入表 2.6.4。

（2）根据测量值计算电压放大倍数 $A_f = \dfrac{u_O}{u_{I2} - u_{I1}}$,填入表 2.6.4。

表 2.6.4　减法电路的测量

u_{I1}	-0.2 V	0.4 V	0.7 V	0.3 V	-0.5 V
u_{I2}	0.3 V	0.8 V	-0.1 V	0.8 V	-0.1 V
u_O 测量值					
A_f					
u_O 理论值					

2.6.5　预习要求

1. 复习由集成运放构成的基本运算电路的内容,并根据各实验电路参数计算表 2.6.1～表 2.6.4 中输出电压 u_O 的理论值。

2. 在图 2.6.2 所示的反相比例运算电路和图 2.6.3 所示的同相比例运算电路中,平衡电阻 R' 的值为多少?

3. 在图 2.6.2 所示的反相比例运算电路中,如 u_I 采用直流信号,当考虑到运算放大器的最大输出幅度(±12 V)时,$|u_I|$ 的大小不应超过多少伏?

4. 为了不损坏集成块,实验中应注意什么问题?

2.6.6　实验报告要求

1. 整理实验数据,完成表 2.6.1～表 2.6.4,将理论值和测量值比较,分析产生误差的原因。

2. 分析实验数据,说明图 2.6.2～图 2.6.5 所示四个基本运算电路的功能。

2.6.7　思考题

1. 在图 2.6.4 所示的反相加法电路中,如 u_{I1} 和 u_{I2} 均采用直流信号,并选定 $u_{I2}=-1$ V,当考虑到运算放大器的最大输出幅度(±12 V)时,$|u_{I1}|$ 的大小不应超过多少伏?

2. 在图 2.6.3 所示的同相比例运算电路中,如 u_I 为正弦信号,当考虑到运算放大器的最大输出幅度(±12 V)时,若要输出电压 u_O 不失真,u_I 的幅值不应超过多少伏?

2.7　由集成运算放大器组成的 *RC* 正弦波振荡电路

2.7.1　实验目的

1. 进一步了解集成运放的具体应用。

2. 掌握由集成运算放大器组成 RC 正弦波振荡电路的工作原理。

3. 学习 RC 正弦波振荡电路的调整和主要性能指标的测试方法。

2.7.2　实验设备

±12 V 直流电源,示波器,数字万用表,频率计,集成运算放大器 LM324、电阻、电容器若干,二极管×2。

2.7.3　实验电路和原理

图 2.7.1 所示为 RC 桥式正弦波振荡电路。其中 RC 串并联网络(R_1、C_1、R_2、C_2)构成正反馈网络,同时兼作选频网络,决定电路的振荡频率 f_0。运放和电阻 R_3、R_W 构成同相比例运算电路,调节负反馈网络中的电位器 R_W,可以改变负反馈深度,以满足振荡的幅值条件。两个反向并联的二极管 D_1、D_2 构成稳幅环节,利用二极管正向电阻的非线性特性来实现稳幅,以改善波形。D_1、D_2 采用硅管(温度稳定性好),且要求特性匹配,这样才能保证输出波形正、负半周对称。

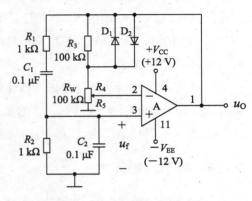

图 2.7.1　RC 桥式正弦波振荡电路

1. 振荡频率

RC 串并联网络中,通常选取 $R_1=R_2=R$、$C_1=C_2=C$,电路的振荡频率如下:

$$f_0=\frac{1}{2\pi RC}$$

改变选频网络的参数 R 或 C,即可调节振荡频率。一般采用改变电容 C 作频率量程切换,而调节 R 作量程内的频率细调。

2. 起振和稳幅振荡的要求

设同相比例运算电路中反馈电阻 $R_f=R_3+R_4$,则同相比例运算电路的电压放大倍数可表示如下:

$$A_u=1+\frac{R_f}{R_5}$$

因 RC 串并联网络的正反馈系数为 $\dot{F}=\frac{1}{3}$,根据正弦波振荡的起振条件和幅值平衡条件,要求 $A_u\geqslant 3$,则:

$$R_f \geqslant 2R_5$$

可知，要电路起振，R_f 的取值应略大于 $2R_5$。调节 R_W 可改变 R_f 和 R_5 的值，因此实验中调整 R_W，使电路起振，且波形失真最小。如电路不能起振，则说明负反馈太强，应适当加大 R_f；如波形失真严重，则应适当减小 R_f。

2.7.4 实验内容

1. 按图 2.7.1 选择合适的元器件，并连接实验电路。

2. 接通 $\pm 12\,V$ 直流电源，用示波器观察输出电压 u_0。调节 R_W，使输出波形从无到有，从正弦波到出现波形失真。分别记下临界起振、正弦波输出及失真情况下的 u_0 波形。

3. 调节 R_W，使输出正弦波 u_0 幅值最大且不失真，从示波器读出 u_0 的大小以及振荡频率 f_0，记入表 2.7.1，并与理论值比较（u_0 的大小和频率也可分别用万用表和频率计测量）。

表 2.7.1　正弦波参数的测量

$U_0(V)$	f_0 测量值（Hz）	f_0 理论值（Hz）

4. 调节 R_W，在输出正弦波不失真的前提下，测量输出电压 U_0 及正反馈电压 U_f 的大小，说明正弦波振荡的幅值条件，测量三组数据，并记入表 2.7.2。

表 2.7.2　正弦波振荡电路幅值平衡条件的测量

序号	$U_0(V)$	$U_f(V)$	$f_0(Hz)$
1			
2			
3			

2.7.5 预习要求

1. 阅读教材中有关产生正弦波振荡的条件及 RC 正弦波振荡电路工作原理的部分。

2. 熟悉所用集成运放（LM324）的参数及管脚排列。

3. 按图 2.7.1 所示电路中的元件参数计算振荡器频率 f_0。

2.7.6 实验报告要求

1. 画出临界起振、正弦波输出及失真情况下的 u_0 波形。

2. 按表 2.7.1 整理数据,把频率的测量值与理论值进行比较。

3. 按表 2.7.2 整理数据,根据实验数据分析 RC 正弦波振荡电路稳幅振荡的幅值条件。

2.7.7 思考题

1. 图 2.7.1 所示电路中,设不接入 D_1、D_2,欲使振荡器稳幅振荡,电位器 R_W 应调在何处,即 R_4、R_5 各为何值?

2. 图 2.7.1 所示电路中,输出电压 u_O 和正反馈电压 u_f 的相位关系应满足什么要求?

2.8 由集成运算放大器组成的方波、三角波发生电路

2.8.1 实验目的

1. 进一步了解集成运放的具体应用。

2. 掌握由集成运算放大器组成的方波、三角波发生电路。

3. 学习方波、三角波发生电路主要性能指标的测试方法。

2.8.2 实验设备

±12 V 直流电源,示波器,数字万用表,集成运算放大器 LM324、电阻、电容器若干,双向稳压管 2CW231。

2.8.3 实验电路和原理

图 2.8.1 所示为方波、三角波发生电路,由同相输入滞回比较器(第一级)与积分运算电路(第二级)首尾相接而成。第一级的输出 u_{O1} 为方波,其幅值电压如下:

$$U_{O1m} = |\pm U_Z|$$

第二级的输出 u_O 为三角波,其幅值电压如下:

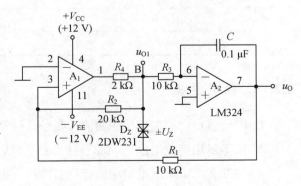

图 2.8.1 方波、三角波发生电路

$$U_{\mathrm{Om}} = \left| \pm \frac{R_1}{R_2} U_Z \right| \tag{8.1}$$

因 u_{O} 由 0 上升到 U_{Om} 所需的时间为四分之一周期,即 $T/4$,故:

$$U_{\mathrm{Om}} = \frac{1}{R_3 C} \int_0^{\frac{T}{4}} U_{\mathrm{O1m}} \mathrm{d}t$$

$$\frac{R_1}{R_2} U_Z = \frac{1}{R_3 C} \int_0^{\frac{T}{4}} U_Z \mathrm{d}t$$

整理可得三角波的周期:

$$T = \frac{4R_1 R_3 C}{R_2}$$

因此电路的振荡频率:

$$f = \frac{1}{T} = \frac{R_2}{4R_1 R_3 C} \tag{8.2}$$

由式(8.2)可知,调节电路中 R_1、R_2、R_3 的阻值和 C 的容量,可以改变振荡频率 f;而由式(8.1)可知,调节 R_1、R_2 的阻值,可以改变三角波的幅值。所以在调节三角波的频率 f 时,如果要维持三角波的幅值不变,则不宜改变 R_1、R_2 的值。

2.8.4　实验内容

1. 按图 2.8.1 选择合适的元器件,并连接实验电路,使之输出方波和三角波。

2. 接通 ±12 V 直流电源,用示波器观察输出电压 u_{O1} 和 u_{O} 的波形,分别测出它们的幅值和频率,把测量值填入表 2.8.1。

3. 在同一个坐标图上,按比例画出方波 u_{O1} 和三角波 u_{O} 的波形,并标明周期和电压幅值。

表 2.8.1　方波、三角波的测量

待测量	电压幅值(V)		频率 f(Hz)		输出波形
	测量值	理论值	测量值	理论值	
u_{O1}					
u_{O}					

2.8.5 预习要求

1. 阅读教材中有关三角波及方波发生电路工作原理的部分。
2. 熟悉所用集成运放（LM324）的参数及管脚排列。
3. 查阅稳压管 2CW231 的资料，找出其 $\pm U_z$ 的参考值。
4. 按图 2.8.1 所示电路中的元件参数分别估算方波、三角波幅值和振荡频率的理论值。

2.8.6 实验报告要求

1. 按表 2.8.1 整理数据，把幅值、频率的测量值与理论值进行比较。
2. 在同一坐标图上，按比例画出方波及三角波的波形，并标明周期和电压幅值。

2.8.7 思考题

1. 分析电路参数变化（R_1，R_2 和 R_3）对输出波形频率及幅值的影响。

2.9 低频 OTL 功率放大电路

2.9.1 实验目的

1. 了解由分立元件组成的 OTL 功率放大电路的工作原理、静态工作点的调整和测试方法。
2. 学会测量 OTL 功率放大电路的主要性能指标。

2.9.2 实验设备与器件

＋5 V 直流稳压电源，函数信号发生器，示波器，直流电压表，直流毫安表，数字万用电表，OTL 功率放大器实验板，8 Ω 扬声器。

2.9.3 实验电路和原理

图 2.9.1 所示为低频 OTL 功率放大电路。其中前置级是由晶体管 T_1 组成的共射放大电路；输出级是由 T_2、T_3 组成的互补推挽 OTL 功放电路，T_2、T_3 是一对参数对称的 NPN 和 PNP 型三极管，它们接成射极输出器形式，使得电路的输出电阻低，带负载能力强。T_1 管工作在放大状态，它的集电极电流 I_{C1} 由电位器 R_{W1} 进行调节。I_{C1} 的一部

分电流经电位器 R_{W2} 及二极管 D_1，调节 R_{W2}，可以给 T_2、T_3 提供合适的偏置电压，使输出级工作于甲乙类状态，以克服交越失真。静态时要求输出端中点 A 的电位 $U_A = V_{CC}/2$，可以通过调节 R_{W1} 来实现。由于 R_{W1} 的一端接在 A 点，因此在电路中引入交、直流电压并联负反馈，一方面能够稳定放大电路的静态工作点，同时能改善非线性失真。

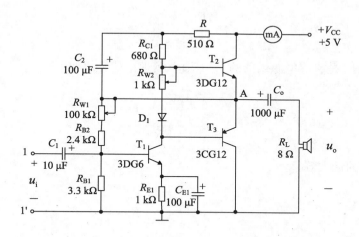

图 2.9.1　OTL 功率放大实验电路

当输入正弦交流信号 u_i 时，经 T_1 反相放大的电压，从集电极输出作用于 T_2、T_3 的基极。u_i 的负半周使 T_2 导通，T_3 截止，电流由 $+V_{CC}$ 经 T_2、C_o 流向负载 R_L，并给 C_o 充电；在 u_i 的正半周，T_2 截止，T_3 导通，则已充好电的电容器 C_o 会放电，电流通过 T_3 流过负载 R_L。因此，在 R_L 上就得到完整的正弦波。

C_2 和 R 组成自举电路，目的是在输出电压正半周时，利用 C_2 上电压不能突变的原理，使 C_2 正极的电位始终比 T_2、T_3 的发射极电位高 $V_{CC}/2$，以保证 T_2、T_3 的发射极电位上升时仍能充分导通。

OTL 电路的主要性能指标估算如下。如果忽略输出晶体管饱和管压降的影响，当交流信号足够大时，负载 R_L 上最大输出电压的幅值为 $V_{CC}/2$。

1. 最大不失真输出功率 P_{om}

理论值：

$$P_{om} = \frac{\left(\dfrac{V_{CC}}{2} - U_{CES}\right)^2}{2R_L}$$

在实验中，可通过测量 R_L 两端最大不失真电压的有效值 U_o，来求得实际的最大输出功率：

$$P_{om} = \frac{U_o^2}{R_L}$$

2. 效率 η

电路的最大效率定义如下：

$$\eta = \frac{P_{om}}{P_V} \times 100\%$$

上式中，P_V 是直流电源供给的平均功率，其理论估算值如下：

$$P_V = \frac{2}{\pi} \frac{\frac{V_{CC}}{2}\left(\frac{V_{CC}}{2} - U_{CES}\right)}{R_L}$$

则该电路的最大效率：

$$\eta = \frac{\pi}{4} \frac{\frac{V_{CC}}{2} - U_{CES}}{\frac{V_{CC}}{2}}$$

在实验中，可测量电源供给的平均电流 I_{dc}，从而求得 $P_V = V_{CC} \cdot I_{dc}$，负载上的实际交流功率已用上述方法求出，因而可以计算实际效率。

3. 输入灵敏度

输入灵敏度是指输出最大不失真功率时，输入信号 U_i 的值（有效值）。

2.9.4　实验内容

在整个测试过程中，电路不应有自激现象。

1. 静态工作点的测试

（1）按图 2.9.1 连接实验电路，直流电源进线中串入直流毫安表。

（2）将输入信号 u_i 置零（可将输入端口的点 1 对地短接），电位器 R_{W2} 置最小值，R_{W1} 置中间位置。接通 +5 V 电源，观察毫安表指示，同时用手触摸输出级管子，若电流过大，或管子温升显著，应立即断开电源检查原因（如 R_{W2} 开路、电路自激，或输出管性能不好等）。如无异常现象，可开始调试。

（3）用直流电压表测量输出端 A 点的电位，调节电位器 R_{W1}，使 A 点电位 $U_A = V_{CC}/2 = 2.5$ V。

（4）调节 R_{W2}，使 T_2、T_3 管的静态电流 $I_{C2} = I_{C3} = 5 \sim 10$ mA。

（5）输出级静态电流调好以后，测量各级静态工作点，记入表 2.9.1。

要说明以下两点:

① 从减小交越失真角度而言,应适当加大输出级静态电流,但该电流过大,会使效率降低,所以一般以 5～10 mA 左右为宜。由于毫安表串在电源进线中,因此它测得的是整个放大器的电流,但一般 T_1 的集电极电流 I_{C1} 较小,从而可以把测得的总电流近似当作末级静态电流。如要准确得到末级静态电流,可从总电流中减去 I_{C1} 的值。

② 调整输出级静态电流的另一方法是动态调试法。先使 $R_{W2}=0$,在输入端接入 $f=1\,kHz$ 的正弦信号 u_i。逐渐加大输入信号的幅值,此时,输出波形应出现较严重的交越失真(注意:没有截止和饱和失真),然后缓慢增大 R_{W2},当交越失真刚好消失时,停止调节 R_{W2},恢复 $u_i=0$,此时直流毫安表读数即为输出级静态电流。一般数值也应在 5～10 mA 左右,如过大,则要检查电路。

要注意以下两点:

① 在调整 R_{W2} 时,一是要注意旋转方向,不要调得过大,更不能开路,以免损坏输出管。

② 输出管静态电流调好后,如无特殊情况,不得随意旋动 R_{W2} 的位置。

表 2.9.1　静态工作点的实验值

U_A(V)	I_{C2}(mA)		I_{C3}(mA)
三个电极的电位	T_1	T_2	T_3
U_B(V)			
U_C(V)			
U_E(V)			

2. 最大输出功率 P_{om} 和效率 η 的测试

保持静态工作点调整好后的电路,断开输入端口点 1 对地的接线。

(1) 测量 P_{om}。

① 将函数信号发生器接至电路的输入端口 $1-1'$,给电路输入 $f=1\,kHz$ 的正弦信号 u_i,电路负载 R_L 两端接示波器,以观察输出电压 u_o 的波形。

② 调节函数信号发生器,使 u_i 由 0(或较小值)开始逐渐增大,注意观察 u_o 的波形,当 u_o 的波形达到最大且不失真时,测出输出电压有效值 U_o,计算 $P_{om}=U_o^2/R_L$,把数据记入表 2.9.2。

(2) 测量 η。

① 当输出电压为最大且不失真输出时,读出直流毫安表中的电流值,此电流即直流

电源供给的平均电流 I_{dc}（有一定误差），由此可近似求得 $P_V = V_{CC} \cdot I_{dc}$，把数据记入表 2.9.2。

② 根据上面测得的 P_{om}，求出 $\eta = \dfrac{P_{om}}{P_V} \times 100\%$，把数据记入表 2.9.2。

表 2.9.2 最大输出功率 P_{om} 和效率 η 的值

测量值			实验计算值			理论计算值		
U_i	U_o	I_{dc}	P_{om}	P_V	η	P_{om}	P_V	η

3. 输入灵敏度测试

根据输入灵敏度的定义，测出输出功率 $P_o = P_{om}$ 时输入电压的有效值 U_i，并把数据记入表 2.9.2。

2.9.5 预习要求

1. 复习有关 OTL 功率放大电路工作原理部分的内容。
2. 交越失真产生的原因是什么？怎样克服交越失真？
3. 为了不损坏输出管，调试中应注意什么问题？

2.9.6 实验报告要求

1. 整理实验数据，计算最大不失真输出功率 P_{om}、效率 η，并与理论值进行比较，设 $U_{CES} = 1.6\ V$。说明误差原因。
2. 讨论实验中发生的问题及解决办法。

2.9.7 思考题

1. 电路中电位器 R_{W2} 如果开路或短路，对电路工作有何影响？
2. 为什么引入自举电路能够扩大输出电压的动态范围？

2.10 集成稳压电源电路

2.10.1 实验目的

1. 熟悉和掌握线性集成稳压电路的工作原理。

2. 学习线性集成稳压电路技术指标的测量方法。

2.10.2　实验设备与器件

可调工频电源,示波器,数字万用电表,交流毫伏表,三端稳压器 W317,桥堆 2WO6 或 KBP306,电阻器、电容器若干。

2.10.3　实验电路和原理

集成稳压器件的种类很多,应根据设备对直流电源的要求进行选择。对大多数电子仪器、设备和电子电路来说,通常选用串联线性集成稳压器,而在这种类型的器件中,又以三端稳压器应用最为广泛。目前常用的三端稳压器是一种固定或可调输出电压的稳压器件,并有过流和过热保护。可调输出电压的稳压器件有正电压系列的 W317 以及负电压系列的 W337。

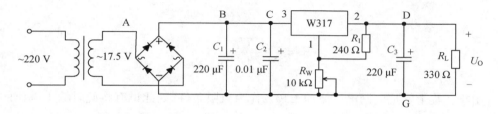

图 2.10.1　集成稳压电源电路

本实验采用的集成稳压器为三端可调正电压稳压器 W317。实验电路见图 2.10.1。电路特点如下:

(1) 整流部分采用由四个二极管组成的桥式整流电路(即整流桥堆)。

(2) 输入、输出端需接较大的滤波电容,通常取几百微法～几千微法。

(3) 当集成稳压器离整流滤波电路较远时,在输入端接容量较小的电容,一般小于 1 μF,用以抵消电路的电感效应,防止自激振荡。

(4) W317 系列稳压器能在输出电压 1.25～37 V 范围内连续可调,外接元件只需一个固定电阻 R_1 和一个电位器 R_w,电阻 R_1 的阻值一般取 120～250 Ω,可取 240 Ω。

稳压电源的主要性能指标:

1. 输出电压 U_O 和输出电压调节范围

输出电压　　$U_O \approx 1.25\left(1 + \dfrac{R_w}{R_1}\right)$

上式中，1.25 V 为 R_1 两端的电压，即三端稳压器 W317 的基准电压。

输出电压调节范围 $U_O \approx 1.25 \sim 37\text{V}$

调节 R_W 可以改变输出电压 U_O。

2. 最大负载电流 I_{om}

3. 输出电阻 r_o

输出电阻 r_o 的定义：当输入电压 U_I（指稳压电路的输入电压）保持不变，由于负载变化引起的输出电压变化量与输出电流变化量之比。

$$r_o = \frac{\Delta U_O}{\Delta I_O}\bigg|_{U_I=常数}$$

4. 稳压系数 S（电压调整率 K_u）

稳压系数的定义：当负载保持不变，输出电压相对变化量与输入电压相对变化量之比。

$$S = \frac{\Delta U_O/U_O}{\Delta U_I/U_I}\bigg|_{R_L=常数}$$

由于工程上常把电网电压波动±10%作为极限条件，因此也有将此时输出电压的相对变化 $\Delta U_O/U_O$ 作为衡量指标的，称为电压调整率。

5. 纹波电压

输出纹波电压是指在额定负载条件下，输出电压中所含交流分量的有效值（或峰值）。

2.10.4 实验内容

1. 电路初测

按图 2.10.1 连接电路，观察 U_O 的波形，如有振荡应消除。调节 R_W，如果输出电压 U_O 跟随 R_W 线性变化，则说明电路的工作基本正常。否则说明电路出了故障。设法查找故障并加以排除。

电路经初测进入正常工作状态后，才能进行各项指标的测试。

2. 波形观察和电位测量

观察 A、B、C 各点的波形和测量其电位值，并记入表 2.10.1。

（1）用示波器观察 A 点的波形，并用交流电压表测量 A 点电位（即整流电路输入电压的有效值 U_{AG}）。

（2）断开电容 C_1、C_2，观察 B 点的波形，并用直流电压表测量 B 点电位（即仅整流时，稳压器输入电压的平均值 U_{BG}）。

（3）接上电容 C_1、C_2，观察 C 点的波形，并用直流电压表测量 C 点电位（即整流滤波时，稳压器输入电压的平均值 U_{CG}）。

表 2.10.1　A、B、C 各点的波形和电位值

项目	$U_A(V)$	$U_B(V)$	$U_C(V)$
测量值			
理论值			
波形			

3. 测量稳压电源输出范围

调节 R_W，用示波器监视输出电压 U_O 的波形，用直流电压表分别测出稳压电路的最大和最小输出电压，以及相应的 U_I（稳压器输入电压，C 点处）值，并记入表 2.10.2。

表 2.10.2　稳压电源输出范围的测量值

项目	$U_O(V)$	$U_I(V)$
最大输出电压时		
最小输出电压时		

4. 测量稳压块的基准电压（即电阻 240 Ω 两端的电压）

$U_{REF} = ($ 　　　　 $)$ V

5. 观察纹波电压

调节 R_W，使 $U_O = 9$ V，用示波器观察稳压电路输入电压 U_I（C 点处）的波形，用交流毫伏表测量纹波电压；再观察输出电压 U_O 的波形，并测量纹波电压，将两者进行比较，记入表 2.10.3。

表 2.10.3　纹波电压的测量

项目	波形	纹波电压(V)
输入电压 U_I		
输出电压 U_O		

6. 测量稳压电源的输出电阻 r_o

断开 R_L（$R_L = \infty$、开路），用直流电压表测量 R_L 两端的电压，记为 U'_O；然后接入 R_L（$R_L = 330\ \Omega$），测出相应的输出电压，记为 U_O，用下式计算 r_o，并记入表 2.10.4。

$$r_o = \left(\frac{U'_O}{U_O} - 1\right) \times R_L$$

表 2.10.4　稳压电源输出范围的测量值

U'_O(V)（$R_L = \infty$时）	U_O(V)（$R_L = 330\ \Omega$时）	r_o

2.10.5　预习要求

1. 复习教材中有关二极管整流、电容滤波、集成稳压电路部分的内容。
2. 如何判断硅桥式整流器的引出脚？
3. 学习有关集成三端稳压器的使用方法和使用注意事项。

2.10.6　实验报告要求

1. 将测量的数据和观察到的波形填于相应的表格内，并整理表格要求的计算值。
2. 说明电容 C_1、C_2 对稳压电路输入电压 U_I 的影响。
3. 比较稳压电源输出范围的理论值和实验值。
4. 比较稳压电路输入电压 U_I 和输出电压 U_O 的纹波电压。
5. 说明负载 R_L 对输出电压的影响。稳压电源的输出电阻 r_o 是大还是小？电路是否具有稳压特性？

2.10.7　思考题

1. 稳压电源输出电压的纹波较大,原因可能是什么?

2. 如何测量并判断整流二极管和滤波电容的正负极性,防止因整流二极管接反而损坏变压器、滤波电容极性接反而引起击穿"爆炸"。

第三篇

模拟电子技术 Multisim 仿真实验

3.1 Multisim 14 的基本操作

NI Multisim 软件是一个专门用于电子电路仿真与设计的 EDA 工具软件。作为
Windows 下运行的个人桌面电子设计工具，NI Multisim 是一个完整的集成化设计环境。
NI Multisim 计算机仿真与虚拟仪器技术可以很好地解决理论教学与实际动手实验相脱
节的这一问题。学员可以很方便地把刚刚学到的理论知识用计算机仿真真实地再现出
来，并且可以用虚拟仪器技术创造出真正属于自己的仪表。本教材使用的软件版本是
Multisim 14.0。

3.1.1 基本界面

运行 Multisim 14 主程序后，出现 Multisim 14 主工作界面，如图 3.1.1 所示。主工

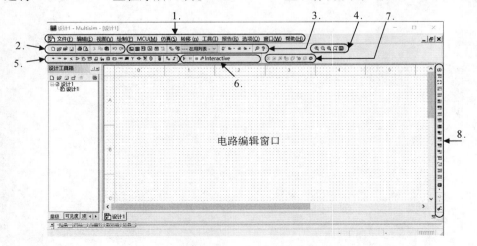

图 3.1.1 Multisim 14 主工作界面

作界面主要由菜单栏、工具栏、设计工具箱、电路编辑窗口、仪器仪表栏和设计信息显示窗口等组成,模拟了一个实际的电子工作台。对应图 3.1.1 中的标注,说明见表 3.1.1。

表 3.1.1　Multisim 14 主工作界面说明

编号	模块	主要说明
1	菜单栏	可以对 Multisim 14 的所有功能进行操作
2	标准工具栏	包括新建、打开、打印、保存、剪切等常见的功能按钮
3	主要工具栏	包含 Multisim 的一般功能按钮,如界面中各个窗口的取舍、后处理、元器件向导、数据库管理器等
4	浏览工具栏	包含了放大、缩小等调整显示窗口的按钮
5	元器件工具栏	在电路仿真中可以使用的所有元器件符号库,包含电源(Source)库、基本(Basic)元器件库、二极管(Diode)、晶体管(Transistors)、模拟元器件(Analog Components)库、TTL 元器件库、CMOS 元器件库、集成数字芯片(Misc Digital Components)库、指示元器件(Indicators Component)库等等
6	仿真工具栏	提供了仿真和分析电路的快捷工具按钮,包括运行、暂停、停止和活动分析功能按钮
7	探针工具栏	包含了在设计电路时放置各种探针(电压、电流、功率等)的按钮,还能对探针进行设置
8	仪器库工具栏	提供了 21 种用来对电路工作状态进行测试的仪器、仪表,包括万用表、函数信号发生器、示波器、频率计等等

3.1.2　基本操作

1. 创建电路窗口

运行 Multisim 14,软件自动打开一个空白的电路窗口。电路窗口是用户放置元器件、创建电路的工作区域,用户也可以通过单击标准工具栏中的"设计"按钮(或按〈Ctrl＋N〉组合键),新建一个空白的电路窗口。

2. 元器件的选取和放置

(1) 选取。

原理图设计的第一步是在电路窗口中放入合适的元器件。可以通过电路窗口上方的元器件工具栏或选择菜单"Place"→"Component"命令浏览所有的元器件系列。

每一个元器件工具栏中的图标与一组功能相似的元器件相对应,在图标上单击鼠标,可以打开这一系列的元器件浏览窗口。

(2) 元器件的放置。

在弹出的元器件浏览窗口中,依次选择恰当的"数据库(Database)"→"组(Group)"→"系列(Family)",从"元件(Component)"列表框中选择需要的元器件(或者输入元器件的型号再选择),它的相关信息也随之显示。

选定元器件后,单击"OK"按钮,浏览窗口消失,在电路窗口中,被选择的元器件的影子跟随光标移动,说明元器件处于等待放置的状态。移动光标,元器件将跟随光标移到合适的位置。选好位置后,单击鼠标即可在该位置放下元器件。每个元器件的流水号都由字母和数字组成,字母表示元器件的类型,数字表示元器件被添加的先后顺序。

若要删除一个元件:选中它,然后按〈Delete〉键或者单击鼠标右键,再从弹出的菜单中选择〈Delete〉命令。

3. 旋转元器件

使用弹出式菜单或"Edit"菜单中的命令可以旋转元器件。下面只介绍弹出式菜单的使用方法:在元器件上单击鼠标右键,从弹出菜单中选择"水平翻转""垂直翻转""Rotate 90° Clockwise"(顺时针旋转 90°)命令,或"Rotate 90° counter Clockwise"(逆时针旋转 90°)命令。

4. 连线

在两个元器件之间连线,把光标放在第一个元器件的引脚上(此时光标变成一个"+"符号),单击鼠标,移动鼠标,就会出现一根连线随光标移动;在第二个元器件的引脚上单击鼠标,Multisim 14 将自动完成连接。

删除一根连线的做法与"删除一个元件"的相同。

5. 元件序号和参数的修改

鼠标左键双击元器件符合,会弹出该元件的属性对话框,在"标签"的"RefDes(D)"处可以改变元件序号;在"值"处可以改变元器件参数。

6. 电路分析和仿真

根据对电路性能的测试要求,从仪器库中选取满足要求的测试仪器、仪表,拖至电路工作区合适的位置,并与待测电路正确连接,然后单击"运行(Run/Simulation)"按钮,即可实现对电路的仿真调试。

 3.2 二极管电路

3.2.1 实验目的

1. 熟悉 Multisim 14.0 软件的基本使用方法。

2. 测量半导体二极管的伏安特性曲线,验证二极管的单向导电性。

3.2.2　实验内容和步骤

基于二极管的伏安特性公式:$i_d = I_s(e^{u_d/u_T} - 1)$,验证二极管的单向导电性,式中$u_d$、$i_d$分别是二极管的电压和电流。

1. 二极管正向伏安特性的测量及分析

(1) 在 Multisim 14 软件中,分别点击元器件工具栏中"Place Power(放置源)"的"POWER SOURCES"、"Place Basic(放置基本)"的"RESISTOR"和"POTENTIOMETER"、"Place Diode(放置二极管)"、"Place Indicators(放置指示器)"的"AMMETER"和"VOLTMETER",选择合适的元件,搭建如图 3.2.1 所示的仿真电路,并设置好相关的电源、电阻元件的参数。

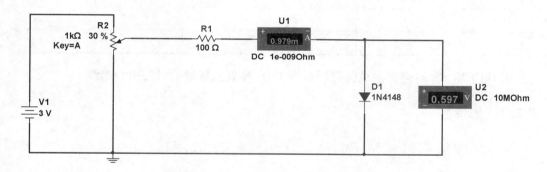

图 3.2.1　二极管正向特性的测量电路

(2) 点击仿真工具栏中的"Run(运行)",运行仿真。调节 R2 的百分比,测量相应的二极管的电压u_d和电流i_d的值,填入表 3.2.1,并计算二极管的等效电阻r_d。

表 3.2.1　二极管正向特性的测量值

R2	10%	20%	30%	50%	70%	90%
u_d(mV)						
i_d(mA)						
$r_d = u_d/i_d$						

2. 二极管反向伏安特性的测量及分析

搭建如图 3.2.2 所示的仿真电路,调节 R4 的百分比,完成表 3.2.2 中电压u_d和电流i_d的测量以及r_d的计算。

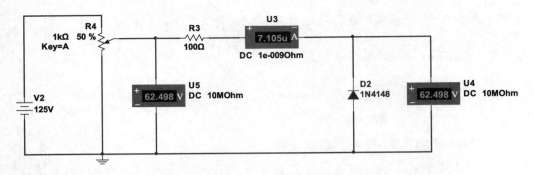

图 3.2.2 二极管反向特性的测量电路

表 3.2.2 二极管反向特性的测量值

R4	10%	50%	80%	85%	100%
u_d(mV)					
i_d(mA)					
$r_d = u_d / i_d$					

3. 用 EXCEL 对得到的数据进行曲线拟合,得到二极管的伏安拟合曲线

3.2.3 思考题

1. 对仿真结果进行总结分析,得出自己对此次实验的心得。

3.3 晶体管基本放大电路

3.3.1 实验目的

1. 对 Multisim 软件有进一步的了解,熟悉一些简单的电路元件,掌握电路连接的技巧。
2. 学习放大电路静态工作点的测试方法,以及对放大电路性能的影响。
3. 学习放大电路电压放大倍数及输入电阻、输出电阻的测试方法。
4. 了解晶体管三种组态基本放大电路的特点。
5. 学习 Multisim 参数扫描方法。

3.3.2 实验内容和步骤

1. 基本共射放大电路的测试

(1) 打开 Multisim 14.0,找到图 3.3.1 所示仿真电路的元件、仪器和仪表——分别点击元器件工具栏中"Place Power(放置源)"→"POWER SOURCES"、"Place Basic(放置基本)"→"RESISTOR"(或"CAPACITOR"和"SWITCH")、"Place Transistors(放置三极管)",在仪器库工具栏中点击"函数信号发生器"、"万用表"和"示波器"按钮,建立图3.3.1所示的仿真电路。设置好合适的参数,注意把函数信号发生器设置为频率1 kHz,电压幅值为2 mV的正弦波电压,如图3.3.2所示。

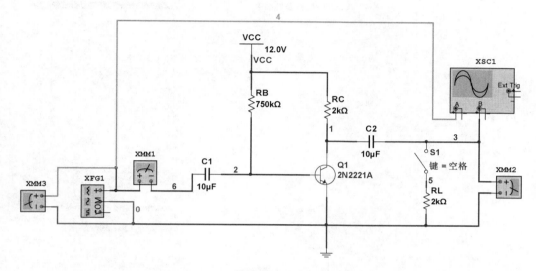

图 3.3.1　基本共射放大电路

(2) 分析直流工作点。

首先在"选项(Options)"→"电路图属性(Sheet Properties)"对话框的"电路图可见性(Circuit)"选项卡中选中"全部显示(Show All)"选项。然后执行菜单栏"仿真(Simulation)"→Analyses and Simulation,在列出的可操作分析类型中选择"直流工作点(DC Operating Point)",则出现直流工作点分析对话框,如图3.3.3所示。

在左边的"Variables in circuit(电路中的变量)"栏内选择需要分析的各节点电压变量和电流变量,再单击 Add 按钮,添加到"Selected variables for analysis

图 3.3.2　输入信号的设置

(已选定用于分析的变量)"栏中。此处要求测量三极管集电极的静态电位 V_C 和基极的电位 V_B(分别对应图3.3.1中的点1和点2的电位 V1、V2),以及静态集电极电流 I_C。

单击图3.3.3所示对话框底部的"Run"按钮,测试结果如图3.3.4所示。测试结果给出了测量点电压,结合三极管类型,确定该电路的静态工作点是否合理,三极管是否工

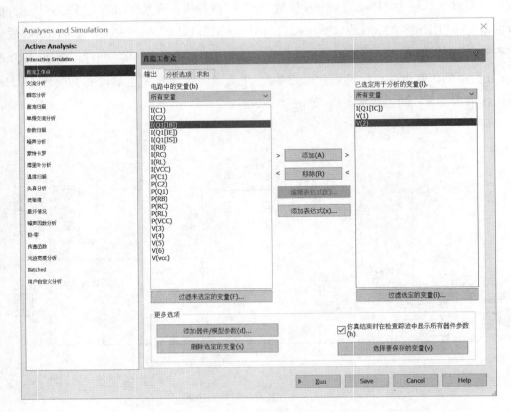

图 3.3.3　直流工作点分析对话框

作在放大区。将仿真数据记录在表 3.3.1 中。

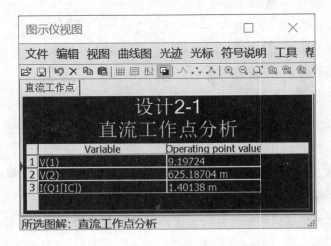

图 3.3.4　直流工作点测量结果视图

另外,也可以采用电压表、电流表、测量探针的方法判断电路静态工作点。

表 3.3.1　基本共射放大电路直流工作点的数据

仿真值				计算值（V）	
V_B	V_C	V_E	I_C	U_{BE}	U_{CE}

（3）测量电压放大倍数 $\dot{A}_u$、输入电阻 R_i、输出电阻 R_o。

① 分别双击仿真电路中各万用表，参考图 3.3.5，把测量输入电流 $\dot{I}_i$ 的万用表 XMM1 设置为交流电流表，测量输入电压 $\dot{U}_i$、输出电压 $\dot{U}_o$ 的万用表 XMM3 和 XMM2 设置为交流电压表，点击仿真工具栏中的"活动分析功能按钮"，在弹出的如图 3.3.3 所示的对话框中，选择"Interactive Simulation"。点击"运行（Run）"按钮，启动仿真，双击示波器图标，设置好示波器的参数，观察输入电压和输出电压的波形，如图 3.3.6 所示。通过示波器不仅可以看到信号的波形，还可以测量信号的幅值。

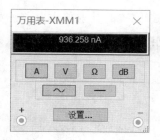

图 3.3.5　万用表测量动态信号

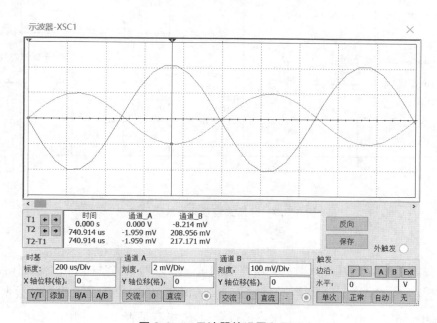

图 3.3.6　示波器的设置和显示

② 打开电路中的开关 S1,不接入负载 R_L(空载),在输出波形不失真的前提下,双击电路中的万用表,分别读出输入电流、输入电压、输出电压的有效值,记入表 3.3.2。

③ 闭合电路中的开关 S1,接入负载 $R_L = 2\,\text{k}\Omega$,记下输出电压的有效值 U_o',填入表 3.3.2。

表 3.3.2　A_u、R_i、R_o 的测量

仿真值				计算值		
U_i	I_i	U_o(空载)	$U_o'(R_L=2\text{k})$	$\dot{A}_u = -\dfrac{U_o}{U_i}$	$R_i = \dfrac{U_i}{I_i}$	$R_o = \left(\dfrac{U_o}{U_o'} - 1\right) R_L$

2. 分压式偏置共射放大电路的测试

(1) 打开 Multisim 14.0,搭建如图 3.3.7 所示的分压式偏置的共射放大电路。放大电路的输入信号设置为频率 1 kHz,电压幅值为 10 mV 的正弦波电压。

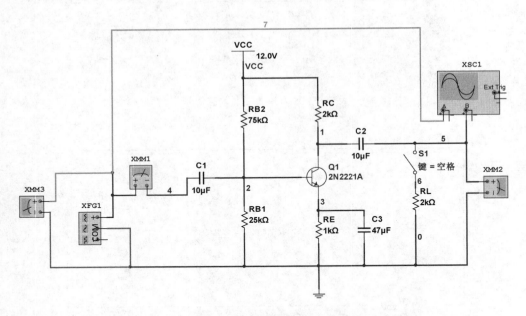

图 3.3.7　分压式偏置共射放大电路

(2) 参考"内容 1 - 基本共射放大电路的测试"步骤(2)的方法分析直流工作点(三个电极的电位分别对应图 3.3.7 中点 1、点 2、点 3 的电位 V1、V2、V3)。将仿真数据记录在表 3.3.3 中,确定该电路的静态工作点是否合理,三极管是否工作在放大区。

表 3.3.3　分压式偏置共射放大电路直流工作点的数据

仿真值				计算值（V）	
V_B	V_C	V_E	I_C	U_{BE}	U_{CE}

（3）参考"内容 1-基本共射放大电路的测试"步骤（3）的方法测量电路的电压放大倍数 $\dot{A}_u$、输入电阻 R_i、输出电阻 R_o。将数据记录在表 3.3.4 中。

表 3.3.4　A_u、R_i、R_o 的测量

仿真值				计算值		
U_i	I_i	U_o（空载）	$U_o'(R_L=2k)$	$\dot{A}_u = -\dfrac{U_o}{U_i}$	$R_i = \dfrac{U_i}{I_i}$	$R_o = \left(\dfrac{U_o}{U_o'}-1\right)R_L$

（4）饱和失真和截止失真的观察。

把输入信号的幅值调大（到 15～20 mV）。

① 把上偏置电阻 R_{B2} 增大（如 150 kΩ），使得静态电流变小，三极管工作进入截止区，此时输出波形 u_o 的正半周被削顶，电路出现截止失真，参考图 3.3.8。

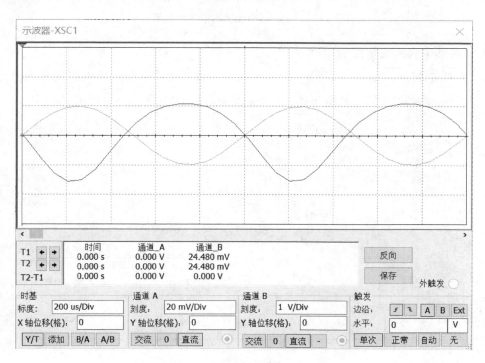

图 3.3.8　共射放大电路的截止失真

② 把上偏置电阻 R_{B2} 减小（如 35 kΩ），使得静态电流增大，三极管工作进入饱和区，此时输出波形 u_o 的负半周被削底，电路出现饱和失真，参考图 3.3.9。

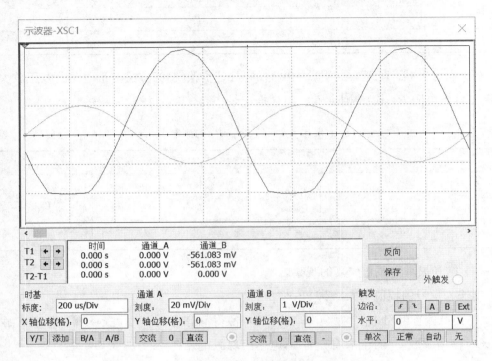

图 3.3.9 共射放大电路的饱和失真

3. 共集电极放大电路的测试

(1) 打开 Multisim 14.0，搭建如图 3.3.10 所示的共集电极放大电路。放大电路的输入信号设置为频率 1 kHz、电压幅值 100 mV 的正弦波电压。

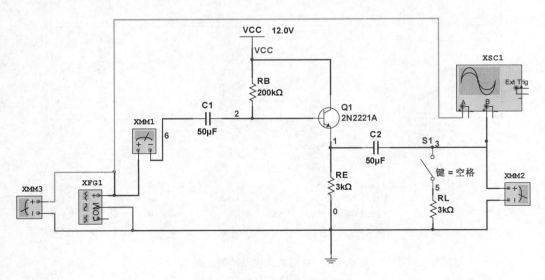

图 3.3.10 共集电极放大电路

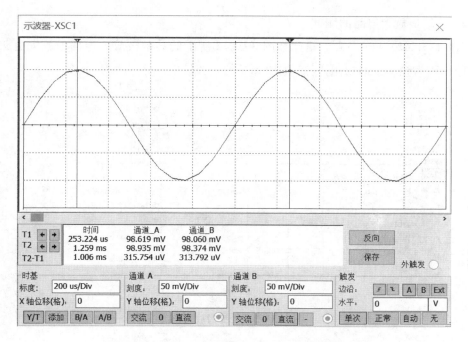

图 3.3.11　共集电极放大电路输入、输出信号的波形

（2）参考"内容1-基本共射放大电路的测试"步骤（2）的方法分析直流工作点（发射极、基极的电位分别对应图3.3.10中的点1、点2的电位 V1、V2）。将仿真数据记录在表3.3.5 中，确定该电路的静态工作点是否合理，三极管是否工作在放大区。

表 3.3.5　共集放大电路

仿真值				计算值（V）	
V_B	V_C	V_E	I_C	U_{BE}	U_{CE}

（3）运行仿真，输入、输出信号的波形参考图3.3.11。由于共集放大电路的 $u_o \approx u_i$，因此在示波器 AB 两个通道参数设置一致的情况下，两个波形基本重叠。参考"内容1-基本共射放大电路的测试"步骤（3）的方法测量电路的电压放大倍数 $\dot{A}_u$、输入电阻 R_i、输出电阻 R_o。将数据记录在表3.3.6 中。

表 3.3.6　A_u、R_i、R_o 的测量

仿真值				计算值		
U_i	I_i	U_o（空载）	$U_o'(R_L=3k)$	$\dot{A}_u = -\dfrac{U_o}{U_i}$	$R_i = \dfrac{U_i}{I_i}$	$R_o = \left(\dfrac{U_o}{U_o'}-1\right)R_L$

4. 共基极放大电路的测试

(1) 打开 Multisim 14.0,搭建如图 3.3.12 所示的共基极放大电路。放大电路的输入信号设置为频率 1 kHz、电压幅值 10 mV 的正弦波电压。

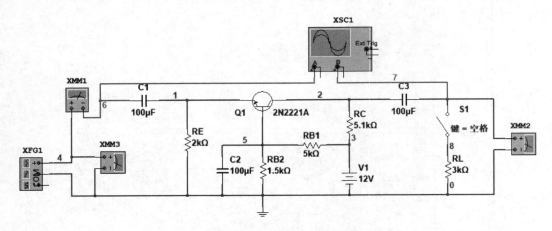

图 3.3.12　共基极放大电路

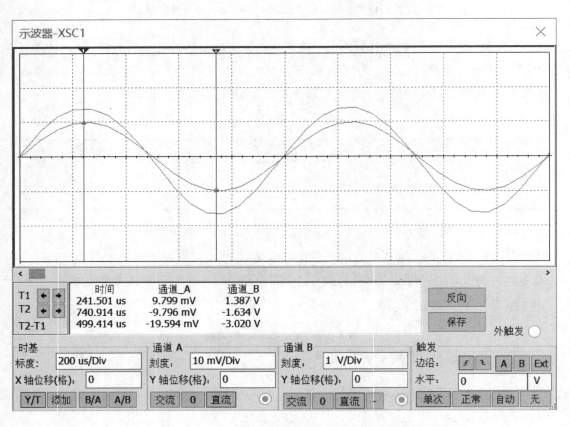

图 3.3.13　共基极放大电路输入、输出信号的波形

（2）参考"内容 1-基本共射放大电路的测试"步骤（2）的方法分析直流工作点（发射极、基极、集电极的电位分别对应图 3.3.12 中点 1、点 5、点 2 的电位 V1、V5、V2）。将仿真数据记录在表 3.3.7 中，确定该电路的静态工作点是否合理，三极管是否工作在放大区。

表 3.3.7 共集放大电路

仿真值				计算值（V）	
V_B	V_C	V_E	I_C	U_{BE}	U_{CE}

（3）运行仿真，输入、输出信号的波形参考图 3.3.13。共基放大电路具有电压放大作用，它的输出电压 u_o 与输入电压 u_i 同相。参考"内容 1-基本共射放大电路的测试"步骤（3）的方法测量电路的电压放大倍数 $\dot{A}_u$、输入电阻 R_i、输出电阻 R_o。将数据记录在表 3.3.8 中。

表 3.3.8 A_u、R_i、R_o 的测量

仿真值				计算值		
U_i	I_i	U_o（空载）	$U_o'(R_L=3k)$	$\dot{A}_u = -\dfrac{U_o}{U_i}$	$R_i = \dfrac{U_i}{I_i}$	$R_o = \left(\dfrac{U_o}{U_o'}-1\right)R_L$

3.3.3 思考题

1. 分别测量分压式偏置共射放大电路截止失真和饱和失真时静态工作点，并与放大时的作比较。

2. 分析实验数据，总结晶体管单管放大电路的三种基本接法下的特点。

 3.4 差分放大电路

3.4.1 实验目的

1. 进一步熟悉 Multisim 软件。

2. 学习差分放大电路静态工作点、电压放大倍数的仿真方法。

3. 验证差分放大电路放大差模信号、抑制共模信号。

3.4.2 实验内容和步骤

打开 Multisim 14.0,选择合适的元器件和仪器仪表,建立图 3.4.1 所示的差分放大仿真电路,并按电路所示设置合适的参数,图中信号源 V1 和 4 通道示波器 XSC1 可分别在元器件工具栏中的"Place Power(放置源)"→"POWER SOURCES"→"AC-Power"以及仪器库工具栏中找。

1. 分析直流工作点

把图 3.4.1 所示电路中的开关 J1 点向 R6,构成"长尾式"差分放大电路。

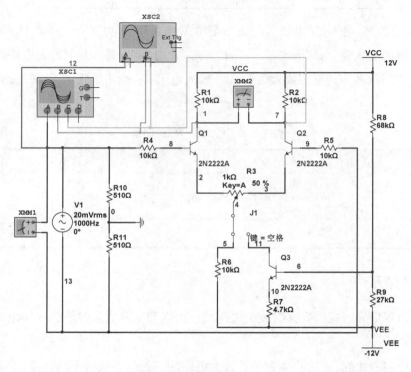

图 3.4.1 差分放大电路

在"选项(Options)"→"电路图属性(Sheet Properties)"对话框的"电路图可见性(Circuit)"选项卡中选中"全部显示(Show All)"选项。然后执行菜单栏"仿真(Simulation)"→Analyses and Simulation→"直流工作点(DC Operating Point)",选择节点仿真可以获得静态工作点指标(可参考图 3.4.2),把获得的静态工作点的仿真结果填入表 3.4.1,确定晶体管是否工作在放大区,两晶体管参数是否对称。

3-1 直流工作点分析	
Variable	Operating point value
1 V(1)	6.49684
2 V(2)	-641.49328 m
3 V(3)	-641.49328 m
4 V(7)	6.49684
5 V(8)	-39.43231 m
6 V(9)	-39.43231 m
7 I(Q1[IB])	3.75189 u
8 I(Q1[IC])	550.31617 u
9 I(Q1[IE])	-554.06805 u

图 3.4.2 输入信号的设置

表 3.4.1　差分放大电路直流工作点

Q1						Q2		
V_C(V)	V_B(V)	V_E(V)	I_C(mA)	I_B(μA)	I_E(mA)	V_C(V)	V_B(V)	V_E(V)

2. 测量差模电压放大倍数

图 3.4.1 所示的差分放大仿真电路的输入为差模信号,其频率是 1 000 Hz,有效值是 20 mV。万用表 XMM1、XMM2 设置为交流电压表,用来测量输入电压和双端输出电压的有效值。示波器 XSC1 观察输入信号 u_i 和单端输出信号 u_{C1} 和 u_{C2} 的波形;示波器 XSC2 观察输入信号 u_i 和双端输出信号 u_O 的波形。

（1）长尾式差分放大电路的差模电压放大倍数。

保持开关 J1 接向 R6。点击“运行（Run）”按钮,启动仿真,双击示波器图标,设置好示波器的参数,观察输入电压和各输出电压的波形,如图 3.4.3 和图 3.4.4 所示。可以看出此时差分放大电路具有放大差模信号的作用;在相同的输入下,双端输出的电压值大约是单端输出的两倍。测量各电压的值,并计算差模电压放大倍数 A_{d1}(单端)、A_d(双端),填入表 3.4.2。

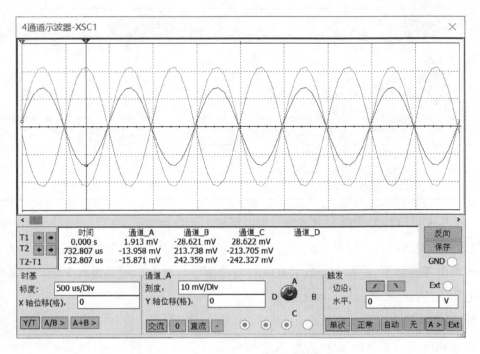

图 3.4.3　u_i、u_{C1} 和 u_{C2} 的波形

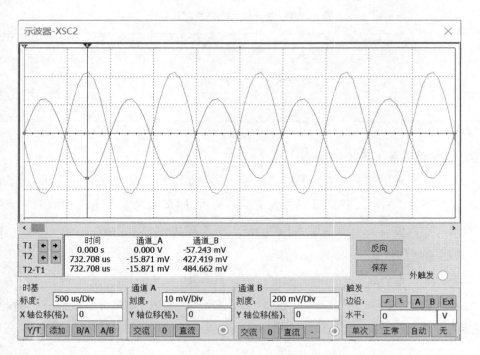

图 3.4.4　u_i 和 u_O 的波形

表 3.4.2　差分放大电路的动态性能

长尾式差分放大电路						具有恒流源差分放大电路					
差模输入						差模输入					
U_i	U_{C1}	U_{C2}	U_o	A_{d1}	A_d	U_i	U_{C1}	U_{C2}	U_o	A_{d1}	A_d
共模输入						共模输入					
U_i	U_{C1}	U_{C2}	U_o	A_{c1}	A_c	U_i	U_{C1}	U_{C2}	U_o	A_{c1}	A_c

（2）具有恒流源差分放大电路的差模电压放大倍数。

把开关 J1 点向右边接 Q3，构成具有恒流源差分放大电路。启动仿真，观察输入电压和各输出电压的波形，此时差分放大电路对差模信号的放大作用是否有变化？测量对应的各电压的值，计算 A_{d1}、A_d，填入表 3.4.2。

2. 测量共模电压放大倍数

改变输入端信号源的接法，给放大电路两输入端加共模信号，如图 3.4.5 所示。把输入信号的值增大，如设置为 1 V 有效值。

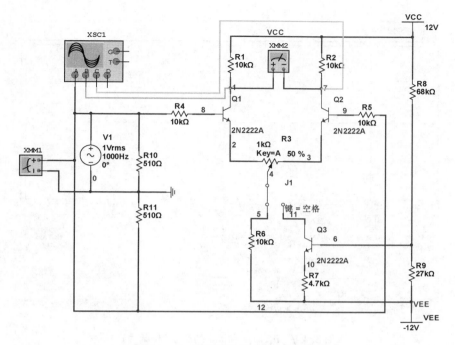

图 3.4.5　具有恒流源差分放大电路

图 3.4.6　u_i 和 u_O 的有效值

（1）长尾式差分放大电路的共模电压放大倍数。

将开关 J1 接向 R6。点击"运行（Run）"按钮，启动仿真，观察输入电压和各输出电压的波形。测量各电压的值，并计算共模电压放大倍数 A_{c1}（单端）、A_c（双端），填入表 3.4.2。

注意，由于差分放大电路对共模信号是抑制作用。所以输出信号要比输入信号小，而且 $u_{C1} \approx u_{C2}$，$u_O \approx 0$，见图 3.4.6 和图 3.4.7。

（2）具有恒流源差分放大电路的共模电压放大倍数。

把开关 J1 点向右边接 Q3。启动仿真，观察输入电压和各输出电压的波形。测量各电压的值，并计算共模电压放大倍数 A_{c1}（单端）、A_c（双端），填入表 3.4.2。

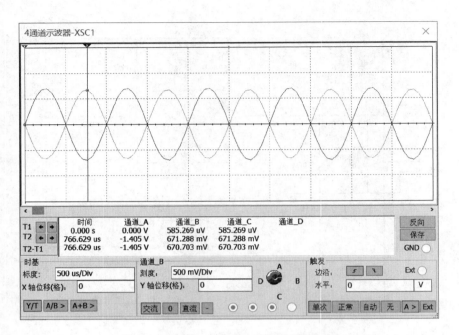

图 3.4.7 u_i、u_{C1} 和 u_{C2} 的测量(长尾式)

注意,由于恒流源差分放大电路对共模信号的抑制能力更强,在相同输入信号的情况下,此类放大电路的输出更小,见图 3.4.8。

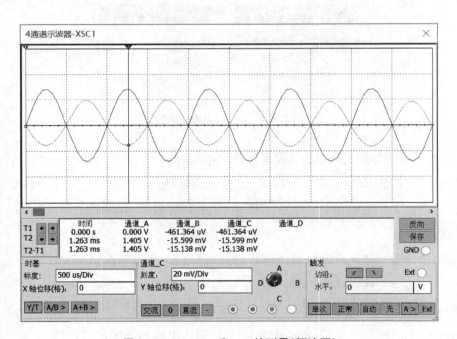

图 3.4.8 u_i、u_{C1} 和 u_{C2} 的测量(恒流源)

3.4.3　思考题

1. 具有恒流源的差分放大电路对差模信号的放大作用是否与长尾式差分放大电路相同?

2. 差分输入时,各输出信号与输入信号的相位关系如何?

3.5　放大电路的频率响应特性

3.5.1　实验目的

1. 进一步熟悉 Multisim 软件。
2. 学习放大电路频率响应特性的仿真方法。
3. 验证放大电路频率响应特性。

3.5.2　实验内容和步骤

打开 Multisim 14.0,选择合适的元器件和仪器仪表,建立图 3.5.1 所示的分压式偏置共射放大仿真电路,并按电路所示设置合适的参数,图中波特测试仪(Bode Plotter) XBP1 可在仪器库工具栏中找到。

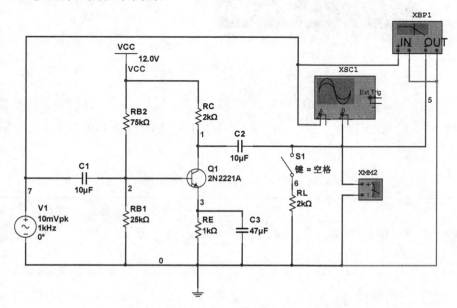

图 3.5.1　分压式偏置共射放大仿真电路

在 Multisim 中,有两种方法可以用来测试放大电路的频率响应。

方法 1:利用虚拟波特测试仪(Bode Plotter)直接测试。启动仿真后,双击波特测试仪 XBP1 的图标,在弹出的图示仪中设置好参数,可分别看到幅频特性曲线和相频特性曲线,如图 3.5.2 和图 3.5.3 所示。移动图示仪显示屏上的光标,可以读出对应频率下的增益和相位移。

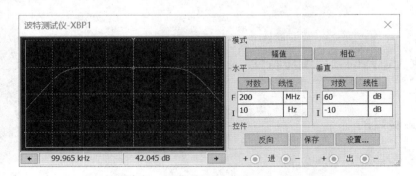

图 3.5.2 放大电路的幅频特性曲线

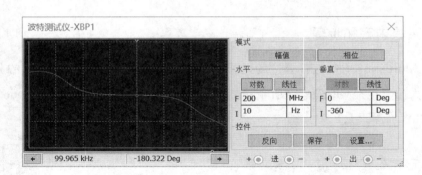

图 3.5.3 放大电路的相频特性曲线

移动光标,读出电路的中频段增益、相位移;在低频段和高频段分别找到使增益下降 3 dB 的频率,即下限频率 f_L 和上限频率 f_H,读出对应的增益和相位移,把数据记入表 3.5.1。

表 3.5.1 共射放大电路频率响应

中频段		$f_L \approx$ _____ Hz		$f_H \approx$ _____ kHz		带宽 $f_{bw} = f_H - f_L$ (kHz)
增益(dB)	相位移	增益(dB)	相位移	增益(dB)	相位移	

如果想同时看幅频特性曲线和相频特性曲线,可以点击菜单栏的"视图(View)"→"图示仪(Graphs)",弹出的图示仪视图(Analysis Graphs)会显示,见图 3.5.4(a)。

方法 2：利用 Analyses and Simulation→"交流分析（AC Analysis）"获得。方法与"分析直流工作点"的相似，在弹出的对话框中，设定好频率参数、输出等等，然后点击"Run"按钮，即可出仿真结果，见图 3.5.4(b)。

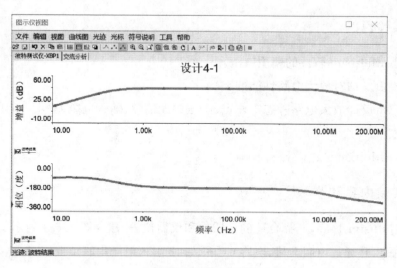

(a) 利用波特测试仪获得

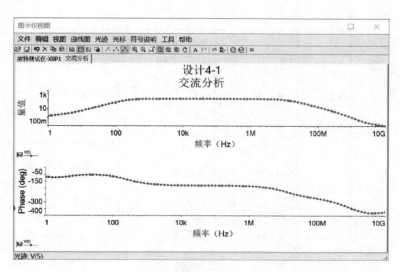

(b) 利用交流分析获得

图 3.5.4 图示仪视图显示频率特性曲线

3.5.3 思考题

1. 分压式偏置共射放大电路的频率特性有什么特点？
2. 说明输入信号的频率对放大电路性能的影响。

3.6 负反馈放大电路

3.6.1 实验目的

1. 熟悉 Multisim 软件的使用方法。
2. 掌握负反馈对放大电路性能的影响。
3. 学习负反馈放大电路静态工作点、电压放大倍数、输入电阻、输出电阻的开环和闭环仿真方法。
4. 学习 Multisim 交流分析。

3.6.2 实验内容和步骤

打开 Multisim 14.0,选择合适的元器件和仪器仪表,建立图 3.6.1 所示的共射-共射两级放大电路,并通过电阻 R11、电容 C6、开关 J2 引入电压串联负反馈,按电路所示设置合适的参数。

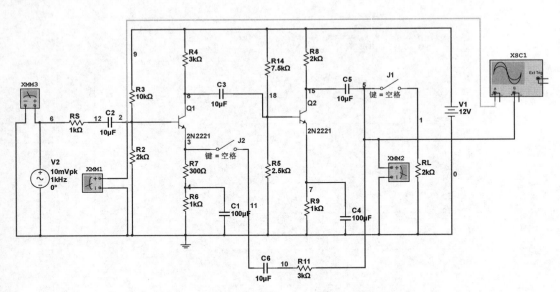

图 3.6.1　负反馈放大电路

1. 直流分析

(1) 断开反馈通道,即打开开关 J2,启动仿真,用示波器观察分别观察输出端节点 18 和节点 5 的(交流输出)波形是否失真,若出现双向失真,则把输入信号 V2 的幅值继续减小,若出现饱和失真或截至失真,相应调节每级上偏置电阻 R3 或 R14 的大小,使两级输出波形不失真。

（2）采用执行菜单栏"仿真（Simulation）"→Analyses and Simulation→"直流工作点（DC Operating Point）"，选择节点仿真可以获得静态工作点指标，填入表 3.6.1。

表 3.6.1　静态工作点的测量

三极管 Q1			三极管 Q2		
V_B	V_C	V_E	V_B	V_C	V_E

2. 交流分析

开环（打开 J2，无反馈）和闭环（闭合 J2，引入反馈）两种情况下，用万用表（图中的 XMM3、XMM1 和 XMM2）分别测量空载和负载时的信号源 U_s、输入电压 U_i 和输出电压 U_o，填入表 3.6.2，并计算电压放大倍数 $A_u=\dfrac{U_o}{U_i}$、输入电阻 $R_i=\dfrac{U_i}{U_s-U_i}R_S$（$R_S=1\ \text{k}\Omega$），输出电阻 $R_o=\left(\dfrac{U_o}{U_o'}-1\right)\cdot R_L$（$U_o$ 和 U_o' 分别是空载和负载时的输出电压）。

表 3.6.2　动态参数的测量

	R_L	U_S	U_i	U_o	A_u	R_i	R_o
开环（J2 打开）	$R_L=\infty$（J1 打开）						
	$R_L=2k$（J1 闭合）						
闭环（J2 闭合）	$R_L=\infty$（J1 打开）						
	$R_L=2k$（J1 闭合）						

3. 负反馈对失真的改善

（1）打开开关 J2（开环），适当加大 u_S 的值（如 50 mV），使输出电压 u_O 失真，在表 3.6.3 中记录 u_O 的波形。

（2）保持输入不变，闭合开关 J2（闭环），在表 3.6.3 中记录 u_O 的波形。此时，u_O 应不失真。

表 3.6.3　负反馈对失真的改善

	开关 J2 打开时，u_O 的失真波形	开关 J2 闭合后，u_O 的波形
波形		

4. 测试放大电路的频率响应特性

采用波特仪(Bode Plotter)分析或者采用 Analyses and Simulation→"交流分析（AC Analysis)"，选择输出点(节点5)，设置合适的频率范围，仿真可以获得放大电路的频率特性，完成表 3.6.4，并找出上限频率和下限频率。

表 3.6.4　负反馈对频率特性的改善

开环		闭环	
幅频特性曲线			
f_L	f_H	f_{Lf}	f_{Hf}

3.6.3　思考题

1. 结合仿真情况，总结引入电压串联负反馈对放大电路性能的影响。
2. 设计另外三种组态的负反馈放大电路，验证对放大电路性能的影响。

3.7　集成运放构成的基本运算电路

3.7.1　实验目的

1. 了解集成运放 μA741 各引脚的作用。
2. 学习集成运放的正确使用方法，测试集成运放传输特性。
3. 学习用集成运放和外接反馈电路构成比例运算电路、加法电路、减法电路、积分电路的方法，测试这些电路的基本运算关系。

3.7.2　实验内容和步骤

集成运算放大器是高增益、高输入阻抗、低输出阻抗、直接耦合的线性放大集成电路，功耗低、稳定性好、可靠性高。可以通过外围元器件的连接构成放大器、信号发生电路、运算电路、滤波器等电路。下面以集成运放 μA741 为例构成多种运算电路。图 3.7.1 是 μA741 的管脚示意图。

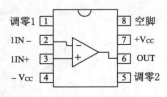

图 3.7.1　μA741 的管脚图

1. 反相比例运算电路

在 Multisim 中建立如图 3.7.2 所示的用 μA741 组成的反相比例运算电路,其中 μA741 可在元器件工具栏中"放置模拟"中找到,可调直流电压源 U_I 在"Place Power(放置源)"→"SIGNAL_VOLTAGE_SOURCES"→"DC_INTERACTIVE_VOLTAGE",并设置好 U_I 的参数,可参考图 3.7.3。

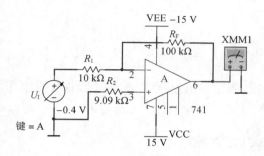

图 3.7.2　反相比例运算电路

图 3.7.3　可调直流电压源的参数设置

此电路的运算关系: $U_O = -\dfrac{R_F}{R_1} U_I = -10 U_I$。

按照表 3.7.1 改变 U_I 的值,测量输出电压 U_O,根据实验数据计算电压增益,将数据填入表 3.7.1,找出电路的线性区。

表 3.7.1　反相比例运算电路的仿真数据

$U_I(V)$	−2	−1.5	−1	−0.7	−0.3	0	0.4	0.6	1	1.5	2
$U_O(V)$											
$A_u = \dfrac{U_O}{U_I}$											

2. 同相比例运算电路

建立如图 3.7.4 所示的同相比例运算电路。此电路的运算关系为 $U_O = \left(1 + \dfrac{R_F}{R_1} U_I\right) = 11 U_I$。 按照表 3.7.2 改变 U_I 的值,测量输出电压,根据实验数据计算电压增益,将数据填入表 3.7.2。

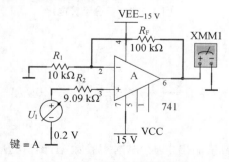

图 3.7.4　同相比例运算电路

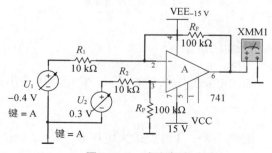

图 3.7.5　减法电路

表 3.7.2　同相比例运算电路的仿真数据

U_1(V)	−2	−1.5	−1	−0.7	−0.3	0	0.4	0.6	1	1.5	2
U_O(V)											
$A_u = \dfrac{U_O}{U_I}$											

3. 减法电路

减法电路如图 3.7.5 所示。该电路的输出电压 $U_O = \dfrac{R_F}{R_2}U_2 - \dfrac{R_F}{R_1}U_1 = 10(U_2 - U_1)$。

按照表 3.7.3 改变输入电压 U_1 和 U_2 的值，测量输出电压，根据实验数据计算电压增益，将数据填入表 3.7.3。

表 3.7.3　减法电路的仿真数据

U_1(V)	0.8	0.5	0.3	0.1	0	−0.4	−0.6	−0.6	−0.8	−1
U_2(V)	−1	1.5	1	0.7	0.5	0.3	0.4	0.8	1	1
U_O(V)										
$A_u = \dfrac{U_O}{U_2 - U_1}$										

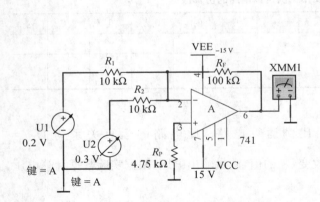

图 3.7.6　加法电路

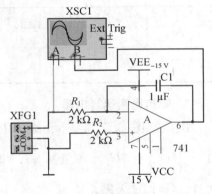

图 3.7.7　积分运算电路

4. 加法电路

加法电路如图 3.7.6 所示。此电路的输出电压 $U_O = -\dfrac{R_F}{R_1}U_1 - \dfrac{R_F}{R_2}U_2 = -10(U_1 + U_2)$。

按照表 3.7.4 改变输入电压 U_1 和 U_2 的值，测量输出电压，根据实验数据计算电压增益，将数据填入表 3.7.4。

表 3.7.4　加法电路的仿真数据

U_1(V)	0.8	0.5	0.3	0.1	0	−0.4	−0.6	−0.6	−0.8	−1
U_2(V)	−1	1.5	1	0.7	0.5	0.3	0.4	0.8	1	1
U_O(V)										
$A_u = \dfrac{U_O}{U_1 + U_2}$										

5. 积分运算电路

积分运算电路见图 3.7.7。在输入端用函数信号发生器分别产生频率为 100 Hz、振幅为 5 V 的方波和三角波，观察输出波形，分析输出信号和输入信号之间的积分关系。结果可参考图 3.7.8。

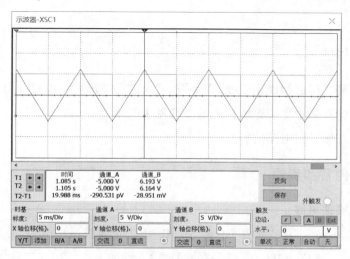

（a）输入为方波信号时

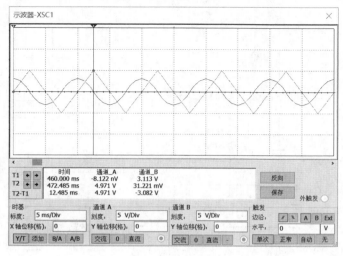

（b）输入为三角波信号时

图 3.7.8　积分运算电路的输入输出波形

3.7.3 思考题

1. 结合仿真情况,总结反相比例运算电路、同相比例运算电路、加法电路、减法电路的特点。

2. 结合积分运算电路的仿真结果,说明积分运算电路输出信号和输入信号之间的积分关系,积分运算电路是否能用于波形变换?

 3.8 波形发生电路

3.8.1 实验目的

1. 学习用集成运放构成正弦波、矩形波、三角波等波形发生电路。
2. 学习调整和测量集成运放构成的波形发生电路。
3. 了解各波形发生电路的特点。

3.8.2 实验内容和步骤

1. 正弦波振荡电路

(1) 在 Multisim 中建立如图 3.8.1 所示的 RC 正弦波振荡电路,并用示波器 XSC2 观察输出电压 u_O、正反馈电压 u_F(运放的同相输入端的电位),用频率计 XFC1 测量输出信号的频率。

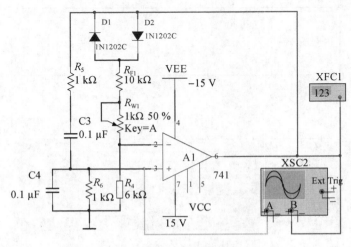

图 3.8.1 RC 正弦波振荡电路

（2）启动仿真,观察电路是否有正弦波输出,若没有或者输出波形有波峰波谷削平的失真,可调节电位器 R_{W1},使输出波形从无到有,可参考图 3.8.3。在稳幅振荡下,从示波器读出(或用万用表测量)输出电压 u_O、正反馈电压 u_F 的值,记入表 3.8.1,验证稳幅振荡的条件。

（3）双击频率计,在弹出的对话框中设置好参数,可参考图 3.8.2,读出输出信号的频率,并与理论频率作比较,记入表 3.8.1。

图 3.8.2　频率计的设置

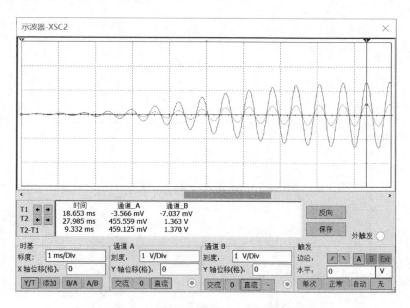

图 3.8.3　正弦波从起振到稳幅振荡的过程

表 3.8.1　正弦波参数的测量

$U_O(V)$	$U_F(V)$	f_0 测量值（Hz）	f_0 理论值（Hz）

2. 矩形波发生电路

（1）建立如图 3.8.4 所示的矩形波发生电路,将 R_w 的滑动端调在中间位置（50%）,并用示波器 XSC2 观察输出电压 u_O、电容电压 u_C,参考图 3.8.5,记录矩形波的幅值 U_O、振荡周期 T、脉宽(正半周)时间 T_W,计算占空比 $D=T_W/T$,记入表 3.8.2。

（2）滑动 R_w,使之分别取 0% 和 100%,观察矩形波的变化,记录振荡周期 T、脉宽(正半周)时间 T_W,计算占空比 D,记入表 3.8.2。

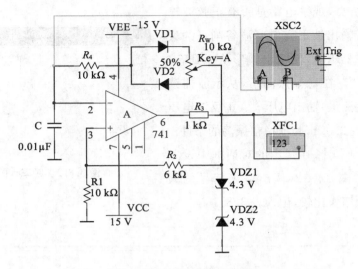

图 3.8.4　矩形波发生电路

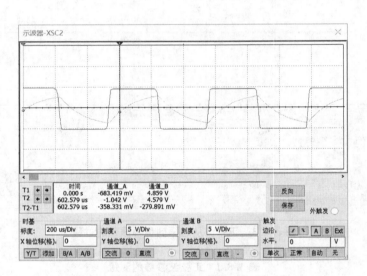

图 3.8.5　矩形波振荡电路的 u_O、u_C 波形

表 3.8.2　矩形波的测量

	(50%)R_w			(0%)R_w			(100%)R_w		
U_O	T	T_w	D	T	T_w	D	T	T_w	D

3. 三角波发生电路

（1）建立如图 3.8.6 所示的三角波发生电路，将 R_w 的滑动端调在中间位置（50%），并用示波器 XSC1 观察第一级的输出电压 u_{O1}（方波）、第二级的输出电压 u_{O2}（三角波），

参考图 3.8.7,分别测出它们的幅值和频率,记入表 3.8.3。

(2) 滑动 R_w,使之分别取 0 和 100%,观察波形的变化,注意 R_w 对波形的幅值和频率的影响,测出波形的输出频率范围,记入表 3.8.3。

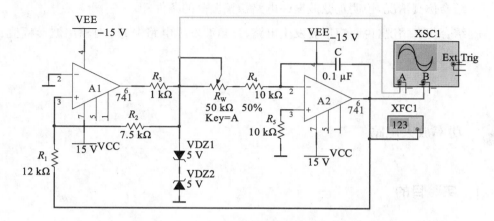

图 3.8.6　三角波发生电路

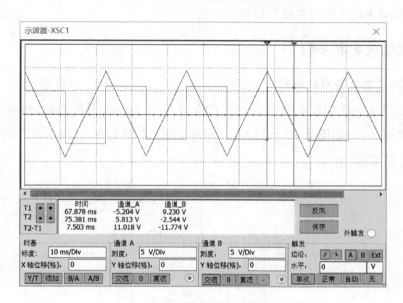

图 3.8.7　三角波发生电路的输出波形

表 3.8.3　方波、三角波的测量

(50%)R_w				(0%)R_w				(100%)R_w				输出频率范围
方波		三角波		方波		三角波		方波		三角波		
U_{O1}	f	U_{O2}	f	U_{O1}	f	U_{O2}	f	U_{O1}	f	U_{O2}	f	

3.8.3 思考题

1. 如何用频率计测量矩形波的振荡周期 T、脉宽（正半周）时间 T_{W}。

2. 结合仿真情况，说明正弦波振荡电路稳幅振荡的条件。

3. 结合仿真情况，说明矩形波发生电路、三角波发生电路中 R_{w} 对输出波形幅值、频率的影响。

3.9 功率放大电路

3.9.1 实验目的

1. 理解功率放大器的工作原理。

2. 学习功率放大器的电路指标测试方法。

3.9.2 实验内容和步骤

1. OCL 乙类互补对称电路

(1) 在 Multisim 中建立图 3.9.1 所示的 OCL 乙类互补对称电路，用示波器 XSC1 观察输入电压 u_{I}、输出电压 u_{O} 的波形，万用表 XMM2 和 XMM3 设置为交流电压档，测量 u_{I} 和 u_{O} 的有效值。

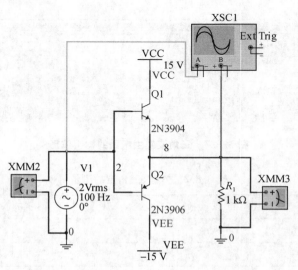

图 3.9.1　OCL 乙类互补对称电路

（2）分析直流工作点：执行菜单栏"仿真（Simulation）"→Analyses and Simulation→"直流工作点（DC Operating Point）"，选择需要分析的各节点电压变量（要对应两个晶体管的三个电极，例如图 3.9.1 中的点 2 和点 8），测试电路静态工作点记入表 3.9.1，计算 U_{BE}，说明三极管的工作状态。

（3）加上正弦输入电压 u_I，观察并记录 u_I 和 u_O 的波形（可参考图 3.9.2），比较 u_I 和 u_O 的大小，注意输出波形的交越失真问题，将实验结果记入表 3.9.2。

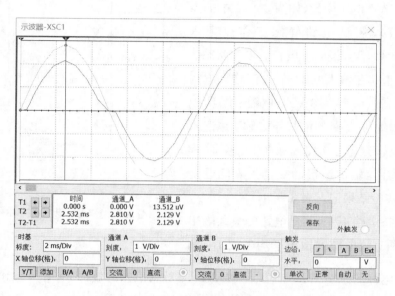

图 3.9.2　OCL 乙类互补对称电路 u_I 和 u_O 的波形

表 3.9.1　OCL 乙类互补对称电路的静态工作点

晶体管	$U_B(V)$	$U_C(V)$	$U_E(V)$	$U_{BE}(V)$
Q1				
Q2				

表 3.9.2　OCL 乙类互补对称电路 u_I 和 u_O 的测量

	u_I	u_O
有效值（V）		
波形		

2. OCL 甲乙类互补对称电路

（1）建立如图 3.9.3 所示的 OCL 甲乙类互补对称电路，并设置好元件参数。注意：

把万用表 XMM1 和 XMM4 设置为直流电流档，测量直流电源的输出平均电流 I_{C1} 和 I_{C2}；由瓦特计 XWM1 测量电路的输出功率 P_o。

（2）分析直流工作点：执行菜单栏"仿真（Simulation）"→ Analyses and Simulation →"直流工作点（DC Operating Point）"，选择需要分析的各节点电压变量（如图 3.9.3 中的点 1、3、4、6、7），测试电路静态工作点记入表 3.9.3，计算 U_{BE}，说明三极管的工作状态。

（3）加上正弦输入电压 u_I，逐渐增大输入电压 u_I（至有效值 $U_I \approx 8$ V），在输出电压 u_O 没有明显非线性失真的前提下，观察并记录 u_I 和 u_O 的波形（可参考图 3.9.3），比较 u_I 和 u_O 的大小，注意输出波形的交越失真问题是否改善，将实验结果记入表 3.9.4。

（4）保持电路不变，测量电路的最大输出功率 P_{om}、两直流电源的输出平均电流 I_{C1} 和

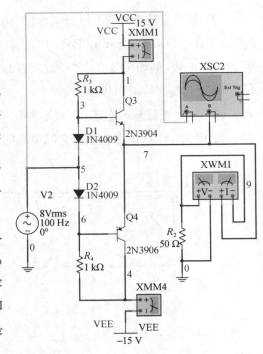

图 3.9.3 OCL 甲乙类互补对称电路

I_{C2}，并计算电源的总功率 $P_V = (I_{C1} + I_{C2})V_{CC}$，放大电路的效率 $\eta = \dfrac{P_{om}}{P_V} \times 100\%$。完成表 3.9.5。

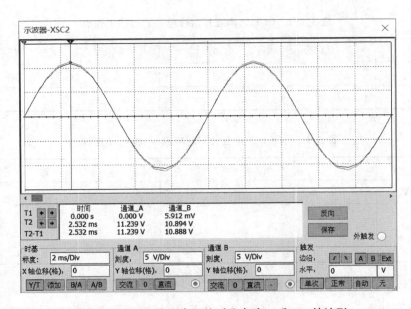

图 3.9.4 OCL 甲乙类互补对称电路 u_I 和 u_O 的波形

表 3.9.3　OCL 甲乙类互补对称电路的静态工作点

晶体管	$U_B(V)$	$U_C(V)$	$U_E(V)$	$U_{BE}(V)$
Q1				
Q2				

表 3.9.4　OCL 甲乙类互补对称电路 u_I 和 u_O 的测量

项目	u_I	u_O
有效值(V)		
波形		

表 3.9.5　OCL 甲乙类互补对称电路 P_{om}、η 的测量

$P_{om}(W)$	$I_{C1}(mA)$	$I_{C1}(mA)$	$P_V(W)$	η

3.9.3　思考题

1. 为什么 OCL 乙类互补对称电路会出现交越失真？u_O 比 u_I 的值小多少？为什么？

2. 除了用功率表测量输出功率，还有什么其他方法？请自行接线、测量，并作比较。

3.10　直流稳压电源电路

3.10.1　实验目的

1. 了解直流稳压电源的工作原理。
2. 学习直流稳压电源的电路指标测试方法。

3.10.2　实验内容和步骤

1. 搭建仿真电路

在 Multisim 中建立如图 3.10.1 所示的单相桥式整流电容滤波稳压电路，变压器取自"放置基本(Basic Group)"→BASIC_VIRTUAL→TS_VIRTUAL，设置变比(本例设为 22)，整流桥选自"放置二极管(Diodes)"中的 FWB 元件，稳压管型号为 02DZ4.7，其稳压值是 4.7 V。注意：设置万用表 XMM1 为交流电压档，万用表 XMM2、XMM3 为直流电压档。

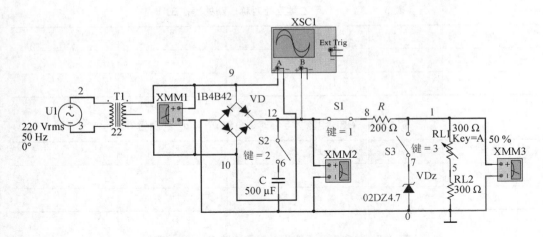

图 3.10.1 单相桥式整流电容滤波稳压电路

2. 单相桥式整流电路的测量

闭合开关 S1、打开开关 S2、S3，构成单相桥式整流电路，用示波器观察整流电路的输入电压 u_I（即变压器输出电压，节点 9 和 10 之间）、整流输出电压 u_{O1}（节点 12）的波形（显示波形可参考图 3.10.2），并用万用表测量它们的有效值（或平均值）。完成表 3.10.1 的实验测量。

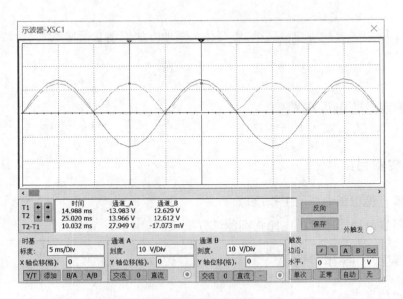

图 3.10.2 单相桥式整流电路的 u_I、u_{O1} 波形

3. 单相桥式整流滤波电路的测量

闭合开关 S2、打开开关 S3，构成单相桥式整流滤波电路。在 S1 断开和闭合两种情况下，用示波器观察整流电路的输入电压 u_I、整流输出电压 u_{O1} 的波形（显示波形可参考

图 3.10.3),并用万用表测量它们的有效值(或平均值)。完成表 3.10.1 的实验测量。

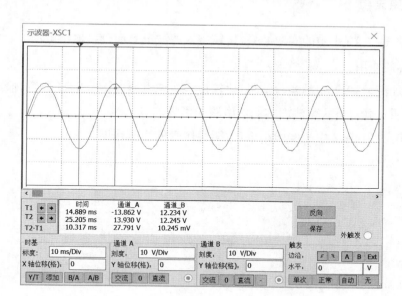

图 3.10.3　加滤波电容后的 u_I、u_{O1} 波形

表 3.10.1　不接入稳压管时电路的测量情况

项目	$u_I(V)$	$u_{O1}(V)$	$\dfrac{u_{O1}}{u_I}$	u_I、u_{O1} 的波形
闭合 S1,打开 S2、S3				
打开 S3,闭合 S1、S2				
打开 S1、S3,闭合 S2				

4. 稳压管稳压作用的测量

闭合 S1、S2,分别在 S3 打开和闭合两种情况下,调节可调电位器 RL1 滑动点取 0%、50%、100%,测量电路输出电压(节点 1)的值 U_O,记入表 3.10.2。

表 3.10.2　稳压管稳压作用的测量情况

RL1	S3 打开时的 U_O	S3 闭合时的 U_O
0%		
50%		
100%		

3.10.3 思考题

1. 根据表 3.10.1 中的实验结果，比较接入滤波电容前、后，输出电压 u_{O1} 的变化，说明滤波电容的作用。

2. 根据表 3.10.1 中的实验结果，比较接入滤波电容时 S1 闭合前、后，输出电压 u_{O1} 的变化，说明负载对桥式整流电容滤波电路的影响。

3. 比较表 3.10.2 中的实验结果，说明稳压管的稳压作用。

第四篇

模拟电子技术提高（设计性）实验

4.1 直流稳压电源的设计与制作

4.1.1 设计目的

1. 学会集成稳压电源的实验方法。
2. 学会利用变压器、整流二极管、滤波电容和集成稳压器来设计直流稳压电源。
3. 学会直流稳压电源的主要性能参数及测试方法。
4. 进一步培养工艺素质和提高基本技能。

4.1.2 设计任务

1. 设计课题

设计并制作一个直流稳压电源

2. 性能指标

(1) 输入电压：～220 V/50 Hz，±10％。

(2) 输出电压：±12 V。

(3) 最大输出电流：350 mA。

(4) 负载调整率≤5％。

(5) 电流调整率≤5％。

(6) 纹波系数≤5％。

3. 设计步骤与要求

(1) 拟定设计方案，写出必要的设计步骤，画出电路原理图。

(2) 电路安装与调试，检验、修正电路的设计方案，记录实验现象。

(3) 选择正确的元器件,计算各个元器件的主要参数。

(4) 写出设计性实验报告。

4. 参考元器件

电源变压器,IN4007,LM7812,LM7912,电容,电阻等。

4.1.3 设计举例

1. 设计原理

(1) 直流稳压电源的组成。直流稳压电源一般由电源变压器,整流电路,滤波电路和稳压电路四个部分组成。图 4.1.1 为直流稳压电源结构方框图。各部分构成电路的作用如下:

① 电源变压器:直流电源的输入为 220 V、50 Hz 交流市电,一般情况下,所需直流电压的数值与电网电压的有效值相差较大,因而需要通过电源变压器降压后,再对交流电压进行处理。变压器次级(副边)电压有效值取决于后面电路的需要。

② 整流电路:变压器次级电压通过整流电路由交流电压转换为脉动的直流电压。

③ 滤波电路:为了减小电压的脉动,需要通过低通滤波电路滤波,使其输出电压平滑,即将脉动直流电压转换为平滑的直流电压。

④ 稳压电路:清除电网波动及负载变化的影响,保持输出电压的稳定。

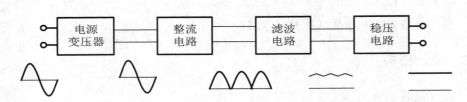

图 4.1.1　直流稳压电源的方框图

(2) 直流稳压电源设计方案。通常可选用的直流稳压电源设计方案有以下五种:

① 硅稳压管并联式稳压电路。

该方案对应的电路结构简单,易于实现,但输出电压值固定,不可调,且输出电流小,带负载能力差。

② 集成运放、三极管、稳压管构成的串联反馈式线性稳压电路。

该方案输出电压可调,稳定性好,带负载能力强,缺点是电路较复杂。

③ 三端可调式集成稳压器。

该方案实质上是第二种设计方案稳压电路的集成化,电路简单稳定。

④ 串联或并联型开关稳压电源。

该方案的最大优点是电路的转换效率高,可达 $75\% \sim 90\%$。

⑤ 直流变换型电源。

此设计方案通常应用于将不稳定的直流低压转换为稳定的直流高压。

2. 设计参考电路

直流稳压电源设计参考电路如图 4.1.2 所示。

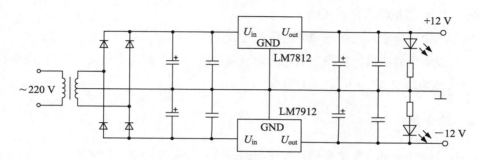

图 4.1.2　输出±12 V 直流稳压电路

3. 电路装配与调试

（1）PCB 设计如图 4.1.3 所示，认真识别电路板上各个元器件，按照电路图要求组装焊接电路。在焊接之前，应该用万用表对所有元器件进行检查。

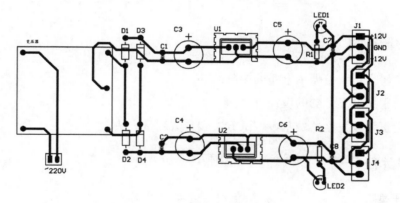

图 4.1.3　电路的 PCB 设计

（2）注意检查二极管的极性是否接反，否则会损坏变压器。滤波的电解电容在焊接时要注意极性，不能接反。

（3）若稳压器散热不良，其承受的输出功率就会降低，稳压器的使用寿命就会缩短。稳压器是否加散热板，取决于稳压器最大承受功率（$P_{omax} = I_{omax}U$）和负载最大消耗功率。需要附加散热器时，应按要求加装散热器并使之良好接触。注意，散热器要放在电路板边沿。若负载最大消耗功率小于稳压器最大承受功率的 1/2 时，可以不加散热板，利用其自带的散热片即可。

（4）将变压器的电源插头插入 220 V 的交流电源插座，电路板上的发光二极管点亮，表明电源接通,有输出电压。

(5) 指标测试。

① 在电源的输出端+12 V与地之间接上大功率可调负载电阻,调节负载电阻使输出电流达到 350 mA,用万用表的直流电压档测量输出端电压是否达到+12 V;同理把负载接到-12 V,测量输出是否正确。

② 测试稳压器输入与输出端的电压差是否大于 3 V。

③ 纹波电压的测量。将稳压电源的输出通过电容接至交流毫伏表,读出交流毫伏表的指示值,即为输出电压中的纹波电压有效值。

4.1.4 思考题

1. 在电路的调试过程中会遇到哪些电路故障? 如何排除这些故障?

2. 分析各种直流稳压电路设计方案,并比较各自优缺点和适用场合。

 4.2 正弦波发生器电路设计与制作

4.2.1 设计目的

1. 学会研究正弦波振荡电路的振荡条件。

2. 学会正弦波发生器的设计方法。

3. 学会正弦波发生器的基本调试方法和参数测量方法。

4.2.2 设计任务

1. 设计课题

设计一个正弦波电路发生器。

2. 性能指标

(1) 输出频率:500 Hz。

(2) 输出电压幅度:1～6 V。

(3) 正弦波非线性失真系数≤20%。

3. 设计步骤与要求

(1) 拟定设计方案,写出必要的设计步骤,画出电路原理图。

(2) 电路安装与调试,检验、修正电路的设计方案,记录实验现象。

(3) 选择正确的元器件,计算各个元件的主要参数。

(4)写出设计性实验报告。

4. 参考元器件

LM358,IN4148,电位器,电容,电阻等。

4.2.3 设计举例

1. 设计原理

正弦波振荡电路是指在无任何外加输入信号的情况下,依靠电路自激振荡而产生正弦波输出电压的电路。它被广泛地应用在测量、遥控、通讯、自动控制、热处理和超声波电焊等加工设备之中。

(1)产生正弦波振荡的条件。正弦波振荡电路原理如图 4.2.1 所示,其振幅平衡条件为 $|\dot{A}\dot{F}|=1$,满足振荡电路的相位平衡的振荡频率 f_0 只有一个,其频率由选频网络决定。欲使振荡电路能自行建立振荡,电路加电前必须满足 $|\dot{A}\dot{F}|>1$。这样,在接通电源后,振荡电路才能自行起振,最后趋于稳定平衡。

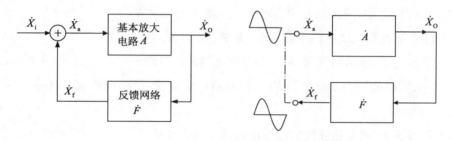

图 4.2.1 正弦波振荡电路原理

(2)正弦波振荡器按构成选频网络的元件不同,可分为以下三种:

① RC 振荡器,一般用来产生 1 Hz~1 MHz 的低频信号。

② LC 振荡器,一般用来产生 1 MHz 以上的高频信号。

③ 石英晶体振荡器,用来产生频率稳定度比较高的信号。

2. 设计电路

本题设计的正弦波频率为 500 Hz,振荡频率比较低,采用 RC 振荡器,设计参考电路如图 4.2.2 所示。

(1)当 $R_1=R_2=R$,$C_1=C_2=C$ 时,振荡频率 $f_0=\dfrac{1}{2\pi RC}$。若要 $f_0=500$ Hz,当 $C_1=C_2=0.1\ \mu$F 时,$R=3.185$ kΩ,可选 R_1、R_2 为 3.2 kΩ 的电阻。

(2)二极管 D_1 和 D_2 起稳幅作用。

(3)放大器 A_2 构成的运算电路,其作用是稳定输出电压和调节输出电压大小。

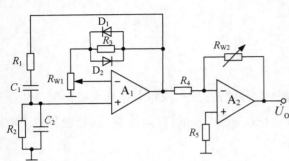
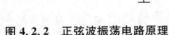
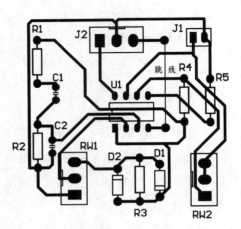

图 4.2.2　正弦波振荡电路原理　　　　图 4.2.3　电路的 PCB 设计

3. 电路装配与调试

（1）PCB 板如图 4.2.3 所示，认真识别电路板上各个元器件，按照电路图要求组装焊接电路。在焊接之前，应该用万用表对所有元器件进行检查。

（2）注意检查集成块方向不能接反，否则会损坏集成块。

（3）接通电源，用示波器观察 J1 是否有正弦波信号输出，如果没有信号输出，可能电路没有起振，可以通过调节电位器 R_{W1}，使电路产生振荡，输出正弦波。测量其频率是否达到要求。

（4）调节 R_{W2}，测量正弦波的输出电压幅度是否到达要求。

4.2.4　思考题

1. 在电路的调试过程中会遇到哪些电路故障？如何排除这些故障？

2. 如果输出频率不满足要求，应该改变电路中哪些元件参数？

4.3　方波发生器电路设计与制作

4.3.1　设计目的

1. 学会研究方波振荡电路的振荡条件。

2. 学会方波发生器的设计方法。

3. 学会方波信号加入直流偏置电压。

4. 学会方波发生器的基本调试方法和参数测量方法。

4.3.2　设计任务

1. 设计课题

设计与制作一个方波发生电路。

2. 性能指标

(1) 输出频率：20 kHz。

(2) 输出幅度：1～5 V，可调。

(3) 直流偏置电压：−3～+3 V，可调。

3. 设计步骤与要求

(1) 拟定设计方案，写出必要的设计步骤，画出电路原理图。

(2) 电路安装与调试，检验、修正电路的设计方案，记录实验现象。

(3) 选择正确的元器件，计算各个元件的主要参数。

(4) 写出设计性实验报告。

4. 参考元器件

LM358，电位器，电容，电阻等。

4.3.3　设计举例

1. 设计原理

方波产生电路是一种能够直接产生方波或矩形波的非正弦信号发生电路。由于方波或矩形波包含极丰富的谐波，因此，这种电路又被称为多谐振荡电路。基本电路如图 4.3.1(a)所示，它在滞回比较器的基础上，增加一个由 R_f、C 组成的积分电路，把输出电压经 R_f、C 反馈到比较器的反相端。由此图可知，电路的正反馈系数 $\dot{F} \approx \dfrac{R_2}{R_1 + R_2}$。

电路在接通电源的瞬间，输出电压究竟偏于正向饱和还是负向饱和，那纯属偶然。设输出电压偏于正饱和值，即 $u_O = +U_Z$ 时，加到电压比较器同相端的电压为 $+FU_Z$，而加于反相端的电压，由于电容器 C 上的电压 u_C 不能突变，只能由输出电压 u_O 通过电阻 R_f 按指数规律向 C 充电来建立，如图 4.3.1(a)所示，充电电流为 i^+。显然，当加到反相端的电压 u_C 略大于 $+FU_Z$ 时，输出电压便立即从正饱和值（$+U_Z$）迅速翻转到负饱和值（$-U_Z$），$-U_Z$ 又通过 R_f 对 C 进行反向充电，如图 4.3.1(b)所示，充电电流为 i^-。直到 u_C 略小于 $-FU_Z$ 值时，输出状态再翻转回来。如此循环不已，形成一系列的方波输出。

图 4.3.1(c)显示了在一个方波的典型周期内，输出端和电容器 C 上的电压波形。设 $t = 0$ 时，$u_C = FU_Z$，则在 $T/2$ 的时间内，电容器 C 上的电压 u_C 将以指数规律由 $-FU_Z$ 向

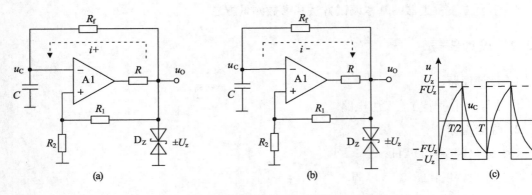

图 4.3.1　方波产生电路工作原理

$+U_Z$ 方向变化,电容器端电压随时间变化规律如下:

$$u_C(t) = U_Z\left[1 - (1+F)e^{-\frac{t}{R_f C}}\right]$$

设 T 为方波的周期,当 $t = T/2$ 时,$u_C(T/2) = FU_Z$,代入上式,可得:

$$u_C(T/2) = U_Z\left[1 - (1+F)e^{-\frac{T/2}{R_f C}}\right] = FU_Z$$

对 T 求解,可得:

$$T = 2R_f C \ln \frac{1+F}{1-F} = 2R_f C \ln\left(1 + \frac{2R_2}{R_1}\right)$$

如适当选取 R_1 和 R_2 的值,使 $\ln\left(1 + \dfrac{2R_2}{R_1}\right) = 1$,则振荡周期可化简为 $T = 2R_f C$。

2. 电路设计

设计参考电路如图 4.3.2 所示。

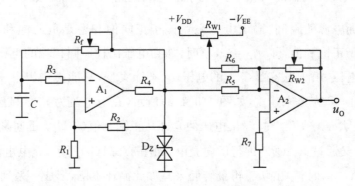

图 4.3.2　方波产生电路原理

(1) 调节 R_f 可以改变输出频率。

(2) 调节 R_{W1} 改变方波信号的偏移。

(3) 调节 R_{W2} 改变方波信号的幅度。

3. 电路装配与调试

(1) PCB 设计如图 4.3.3 所示,认真识别电路板上各个元器件,按照电路图要求组装焊接电路。在焊接之前,应该用万用表对所有元器件进行检查。

(2) 注意检查集成块方向不能接反,否则会损坏集成块。

(3) 接通电源,用示波器观察 J1 是否有方波信号输出,并测量其频率。

(4) 调节 RW1 使方波信号输出电压偏移量为零。

(5) 调节 RW2 观察信号的输出幅度是否可变。

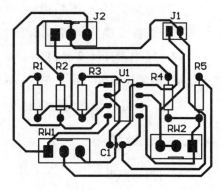

图 4.3.3 方波产生电路 PCB 设计

4.3.4 思考题

1. 在方波发生器中,要改变方波的频率,可改变哪些元件的值? 方波的频率改变时,方波的幅度会不会改变?

2. 若要求输出占空比可调的矩形脉冲,电路应如何设计?

4.4 三角波发生器电路设计与制作

4.4.1 设计目的

1. 学会三角波发生器的主要性能和特点。

2. 学会三角波发生器的设计方法。

3. 学会三角波发生器的基本调试方法和参数测量方法。

4.4.2 设计任务

1. 设计课题

设计一个三角波发生器。

2. 性能指标

(1) 频率为 500 Hz 左右,可调。

(2) 输出信号幅度：1～6 V。

(3) 三角波非线性失真系数≤20%。

3. 设计步骤与要求

(1) 拟定设计方案,写出必要的设计步骤,画出电路原理图。

(2) 电路安装与调试,检验、修正电路的设计方案,记录实验现象。

(3) 选择正确的元器件,计算各个元件主要参数。

(4) 写出设计性实验报告。

4. 参考元器件

LM358,电位器,电容,电阻等。

4.4.3 设计举例

1. 设计原理

实现方波-三角波发生器的电路方案有很多种,最常见的一种是由滞回比较器和积分器构成的方波-三角波发生器,如图 4.4.1 所示,其中,滞回比较器产生的方波通过积分电路变成三角波,电容的充放电时间决定三角波和方波的频率。此图中,$u_{P1} = \dfrac{R_1}{R_1+R_2} u_{O1} + \dfrac{R_2}{R_1+R_2} u_O$。

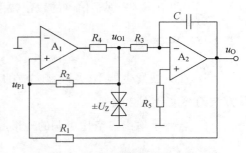

图 4.4.1　方波-三角波发生电路原理

(1) 当 $u_{O1} = +U_Z$ 时,则电容 C 充电,同时 u_O 呈线性逐渐下降。当 $u_O = -\dfrac{R_1}{R_2} U_Z$ 时,$u_{P1} = 0$,u_{O1} 从 $+U_Z$ 跳变为 $-U_Z$。

(2) 在 $u_{O1} = -U_Z$ 时,电容 C 开始放电,u_O 按线性逐渐上升。当 $u_O = +\dfrac{R_1}{R_2} U_Z$ 时,$u_{P1} = 0$,u_{O1} 从 $-U_Z$ 跳变为 $+U_Z$。

(3) 如此周而复始,产生振荡。u_O 的上升时间和下降时间相等,斜率绝对值也相等,故 u_O 为三角波,其波形如图 4.4.2 所示。

(4) 输出峰值：

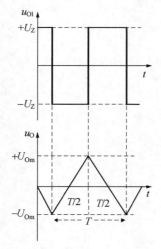

图 4.4.2　三角波波形

$$+U_{Om} = +\frac{R_1}{R_2} U_Z; \quad -U_{Om} = -\frac{R_1}{R_2} U_Z$$

（5）振荡周期。由运放 A_2 积分运算电路的运算关系式：

$$u_O(t_1) = -\frac{1}{R_3 C}\int_0^{t_1} u_{O1}\,dt + u_O(0)$$

根据图 4.4.2 所示波形，正向积分的起始值 $u_O(0) = -\dfrac{R_1}{R_2}U_Z$，积分时间为 $T/2$，终了值为 $+\dfrac{R_1}{R_2}U_Z$，于是有：

$$+\frac{R_1}{R_2}U_Z = \frac{1}{R_3 C}\int_0^{T/2} U_Z\,dt - \frac{R_1}{R_2}U_Z$$

得振荡周期如下：

$$T = \frac{4R_1 R_3 C}{R_2}$$

2. 电路设计

设计参考电路如图 4.4.3 所示。

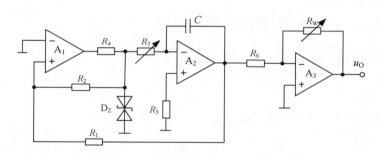

图 4.4.3　输出频率和幅度可调的三角波发生器

3. 电路装配与调试

（1）PCB 设计如图 4.4.4 所示，认真识别电路板上各个元器件，按照电路图要求组装焊接电路。在焊接之前，应该用万用表对所有元器件进行检查。

（2）用示波器测量三角波的幅值和频率，测量三角波的频率、幅值的调节范围，检验电路是否满足设计指标。

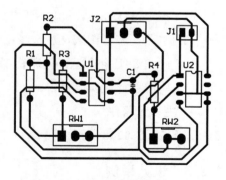

图 4.4.4　三角波发生器 PCB 设计

4.4.4 思考题

1. 在电路的调试过程中会遇到哪些电路故障？如何排除这些故障？

2. 在三角波发生器中，若要保持三角波的幅度不变，又要改变三角波的频率，应改变电路中哪一个元件的值？

心形信号发生器电路设计与制作

4.5.1 设计目的

1. 学会由运放构成加法电路。
2. 学会由二极管和运放构成整流电路。
3. 学会乘法器的使用。
4. 学会心形信号发生器电路测量和调试技能。

4.5.2 设计任务

1. 设计课题

设计一个能产生心形信号的电路。

2. 性能指标

调整输入量的频率和幅值，可改变心形信号的大小。

3. 设计步骤与要求

(1) 拟定设计方案，写出必要的设计步骤，画出逻辑电路图。

(2) 电路安装与调试，检验、修正电路的设计方案，记录实验现象。

(3) 画出经实验验证的电路图，标明元器件型号与引脚名称。

(4) 写出设计性实验报告。

4. 主要元器件

LM358，IN4148，电阻等。

4.5.3 设计举例

1. 设计原理

(1) 心形信号发生器的构成如图 4.5.1 所示。

（2）正弦波经过精密整流电路进行全波整流得到心形波形上半部的包络,如图 4.5.3 所示。

（3）三角波组成心形包络的下半部。

（4）模拟乘法器 I 完成心形波形上半部填充。

（5）模拟乘法器 II 完成心形波形下半部填充。

（6）利用双踪示波器把两部分波形进行显示,就可以得到心形的波形。

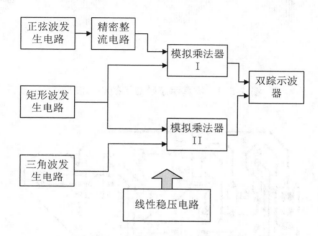

图 4.5.1　心形信号发生器的构成

2. 电路设计

心形信号发生器的电路图以及心形波形仿真结果分别如图 4.5.2、图 4.5.3 所示。

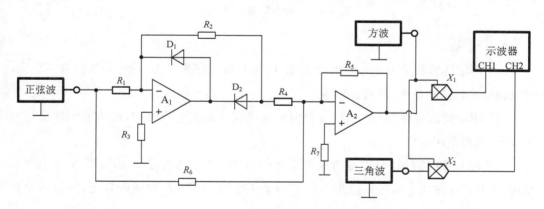

图 4.5.2　心形信号发生器的电路图

3. 电路装配与调试

（1）PCB 设计如图 4.5.4 所示,认真识别电路板上各个元器件,按照电路图要求组装焊接电路。在焊接之前,应该用万用表对所有元器件进行检查。

（2）J1 接实验 4.2 正弦波信号输入,J2 接实验 4.4 三角波信号输入,J3 接实验 4.3

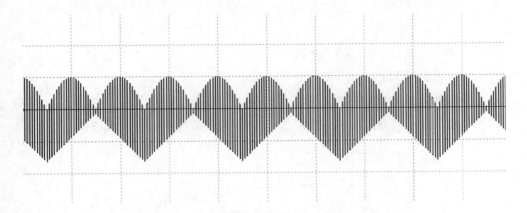

图 4.5.3　仿真示波器显示的心形波形

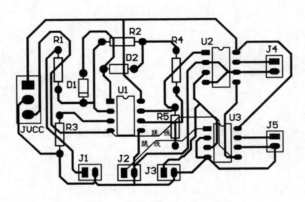

图 4.5.4　心形电路 PCB 设计

方波信号输入。

（3）用示波器测量 J1 正弦波的频率和 J2 三角波的频率是否一致，如果两者不相同，可以调节三角波的频率，使两者相同。

（4）用示波器观察 J3 方波，调节方波模块的直流偏置电压旋钮，使方波底部从 0 电压开始，无负电压输出。

（5）将 J4 和 J5 接口分别接到示波器的 CH1 和 CH2 通道，调节示波器 Y 方向垂直旋钮，使其产生图 4.5.3 所示波形。反复调节正弦波、三角波、方波的幅度，使屏幕上得到一个比较好看的心形波形。

4.5.4　思考题

1. 在电路的调试过程中会遇到哪些电路故障？如何排除这些故障？

2. 为什么方波的输出不能出现负值，对心形波形有何影响？

第五篇

数字电子技术基础型实验

 TTL 集成逻辑门的逻辑功能与参数测试

5.1.1 实验目的

1. 熟悉 DZX-2 型电子学综合实验平台数字电路部分的结构、基本功能和使用方法。
2. 掌握 TTL 集成与非门的逻辑功能和主要参数的测试方法。
3. 熟悉 TTL 器件的使用规则。

5.1.2 实验设备

DZX-2 型电子学综合实验平台,集成与非门 74LS20 一片,万用表一块。

5.1.3 实验原理和电路

1. 与非门的逻辑功能

与非门的逻辑功能:当输入端中有一个或一个以上是低电平时,输出端为高电平。
只有当输入端全部为高电平时,输出端才为低电平(即有口诀:见"0"出"1",全"1"为
"0")。

其逻辑表达式为 $Y = \overline{AB\cdots}$。

2. TTL 与非门的主要参数

(1) 低电平输出电源电流 I_{CCL} 和高电平输出电源电流 I_{CCH}。

与非门处于不同的工作状态,电源提供的电流则不同。I_{CCL} 是指所有输入端悬空,
输出端空载时,电源提供给器件的电流。I_{CCH} 是指输出端空载,每个门各有一个以上的
输入端接地时,电源提供给器件的电流。通常 $I_{CCL} > I_{CCH}$,它们的大小标志着器件静态功

耗的大小。器件的最大功耗为 $P_{CCL} = V_{CC}I_{CCL}$。手册中提供的电源电流和功耗值是指整个器件总的电源电流和总的功耗。I_{CCL} 和 I_{CCH} 测试电路如图 5.1.1(a)、(b)所示。

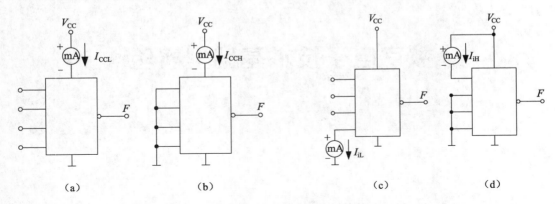

（a）　　　　　　　（b）　　　　　　　（c）　　　　　　　（d）

图 5.1.1　TTL 与非门静态参数测试电路

（2）低电平输入电流 I_{iL} 和高电平输入电流 I_{iH}。

I_{iL} 是指被测输入端接地，其余输入端悬空时，由被测输入端流出的电流值。在多级门电路中，I_{iL} 相当于前级门输入低电平时，后级向前级门灌入的电流，因此它关系到前级门的灌电流负载能力，即直接影响前级门电路带负载的个数，因此希望 I_{iL} 小些。

I_{iH} 是指被测输入端接高电平，其余输入端接地时，流入被测输入端的电流值。在多级门电路中，它相当于前级门输出高电平时，前级门的拉电流负载，其大小关系到前级门的拉电流负载能力，因此希望 I_{iH} 小些。由于 I_{iH} 较小，难以对它进行测量，一般免于测试。

I_{iL} 与 I_{iH} 的测试电路如图 5.1.1(c)、(d)所示。

（3）扇出系数 N_O。

N_O 是指门电路能驱动同类门的个数，它是衡量门电路负载能力的一个参数。TTL 与非门有两种不同性质的负载，即灌电流负载和拉电流负载，因此有两种扇出系数，即低电平扇出系数 N_{OL} 和高电平扇出系数 N_{OH}。通常 $I_{iH} < I_{iL}$，所以 $N_{OH} > N_{OL}$，故常以 N_{OL} 作为门的扇出系数。

N_{OL} 的测试电路如图 5.1.2 所示，门的输入端全部悬空，输出端接灌电流负载 R_L，调节 R_L 使 I_{OL} 增大，V_{OL} 随之增高，当 V_{OL} 达到 V_{OLM}（手册中规定低电平规范值 0.4 V）时的 I_{OL} 就是允许灌入的最大负载电流，则：

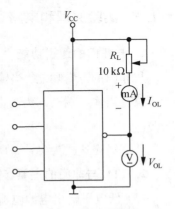

图 5.1.2　扇出系数测试电路

$$N_{OL} = \frac{I_{OL}}{I_{iL}}$$

通常，$N_{OL} > 8$。

（4）电压传输特性。

门的输出电压 V_O 随输入电压 V_i 变化的曲线 $V_O = f(V_i)$，称为门的电压传输特性，通过它可读得门电路的一些重要参数，如输出高电平 V_{OH}、输出低电平 V_{OL}、关门电平 V_{Off}、开门电平 V_{ON}、阀值电平 V_T 及抗干扰容限 V_{NL}、V_{NH} 等值。电压传输特性测试电路如图 5.1.3 所示，采用逐点测试法，即调节 R_W，逐点测得 V_i 及 V_O，然后绘成曲线。

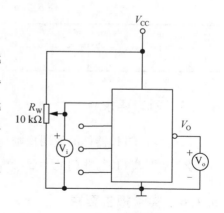

图 5.1.3　电压传输特性测试电路

5.1.4　实验内容

1. 测试 TTL 集成与非门 74LS20 的逻辑功能

与非门的四个输入端接十六位开关输出插口，以提供"0"和"1"电平信号，开关向上为逻辑"1"，向下为逻辑"0"。与非门的输出端接十六位逻辑电平输入插口，LED 亮为逻辑"1"，不亮为逻辑"0"。按照表 5.1.1，逐个测试集成块中两个与非门的逻辑功能。

表 5.1.1　与非门的逻辑功能真值测试表

输入				输出	
A_n	B_n	C_n	D_n	Y_1	Y_2
1	1	1	1		
0	1	1	1		
1	0	1	1		
1	1	0	1		
1	1	1	0		

2. 74LS20 主要参数的测试

（1）分别按图 5.1.1 和图 5.1.2 接线，将测试结果记入表 5.1.2。

表 5.1.2　74LS20 主要参数的实验值

I_{CCL}(mA)	I_{CCH}(mA)	I_{iL}(mA)	I_{OL}(mA)	$N_{OL} = \dfrac{I_{OL}}{I_{iL}}$

（2）按图 5.1.3 接线，调节电位器 R_W，使 V_i 从 0 向高电平变化，逐点测量 V_i 和 V_O 的对应值，记入表 5.1.3。

表 5.1.3　74LS20 电压传输特性测试值

V_i(V)	0	0.2	0.4	0.6	0.8	1.0	1.5	2.0	2.5	3.0	3.5	4.0	…
V_O(V)													

5.1.5　预习要求

1. 复习 TTL 器件的使用规则。
2. 掌握 TTL 与非门的主要参数。

5.1.6　实验报告要求

1. 记录、整理实验结果,并对结果进行分析。
2. 画出实测的电压传输特性曲线,并从中读出各有关参数值。

5.1.7　思考题

1. TTL 与非门的输入端可以悬空吗? 为什么?
2. TTL 逻辑门的高电平和低电平的电压范围分别是多少?

5.2　CMOS 电路

5.2.1　实验目的

1. 掌握 CMOS 电路的工作原理和使用方法。
2. 了解 CMOS 反相器的特点和性能。
3. 熟悉扩大 CMOS 反相器负载能力的方法。
4. 进一步熟悉 DZX-2 型电子学综合实验平台数字电路部分的结构、基本功能和使用方法。

5.2.2　实验设备

DZX-2 型电子学综合实验平台,集成器件 CD4007 一片,10 kΩ 电阻,万用表一块。

5.2.3　实验原理和电路

CMOS 集成电路是将 N 沟道 MOS 晶体管和 P 沟道 MOS 晶体管同时用于一个集成电路,成为组合两种沟道 MOS 晶体管性能的更优良的集成电路。

CMOS 集成电路的主要优点如下：

（1）功耗低，其静态工作电流在 10^{-9} A 数量级，是目前所有数字集成电路中最低的，TTL 器件的功耗则大得多。

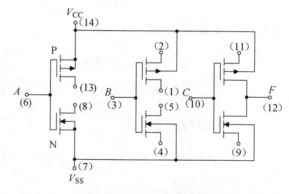

图 5.2.1　CD4007 内部电路图（括号中数字为管脚号）

（2）输入阻抗高，通常大于 10^{10} Ω，远高于 TTL 器件的输入阻抗。

（3）接近理想的电压传输特性，输出高电平可达电源电压的 99.9% 以上，低电平可达电源电压的 0.1% 以下，因此输出逻辑电平的摆幅很大，噪声容限很高。

（4）电源电压范围广，可在 +3 V～+18 V 范围内正常运行。

（5）由于有很高的输入阻抗，要求驱动电流很小，约 0.1 μA，输出电流在 +5 V 电源下约为 500 μA，远小于 TTL 电路，如以此电流来驱动同类门电路，其扇出系数将非常大。在一般低频率时，无需考虑扇出系数，但在高频率时，后级门的输入电容将成为主要负载，使其扇出能力下降，所以在较高频率工作时，CMOS 电路的扇出系数一般取 10～20。

5.2.4　实验内容

1. 用所给的集成电路（CD4007），实现 $F = \overline{ABC}$，将实验结果填入真值表，并测出高、低电平（真值表自拟）。

2. 用所给的集成电路，实现 $F = \overline{A+B+C}$。

3. 用所给的集成电路，构成如图 5.2.2 所示的反相器。

（1）测量最大灌电流 I_{OL}（$V_{OL}=0.1$ V，接通图 5.2.2 中的虚线框①）。

（2）测量最大拉电流 I_{OH}（$V_{OH}=4.9$ V，断开图 5.2.2 中的虚线框①，接通虚线框②）。

4. 构成如图 5.2.3 所示的反相器，测量最大灌电流 I_{OL}。

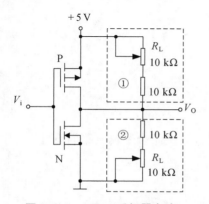

图 5.2.2　CMOS 反相器电路 1

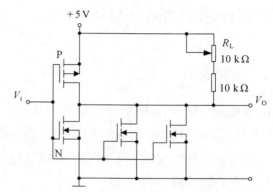

图 5.2.3　CMOS 反相器电路 2

5.2.5　预习要求

1. 复习 CMOS 电路的工作原理。

2. 根据实验内容中每个题目的要求,拟出测试步骤和实验表格。

5.2.6　实验报告要求

1. 画出实验内容 1、2 中用集成电路 CD4007 构成的与非门和或非门的电路图,并将实验结果填入真值表。

2. 比较图 5.2.2 和图 5.2.3 所示的两种反相器电路,并计算它们能带动的标准 TTL 门电路的个数。

5.2.7　思考题

1. CMOS 逻辑门不用的输入端可以悬空吗? 为什么?

2. CMOS 逻辑门的高电平和低电平的电压范围分别是多少? 请与 TTL 逻辑门进行比较。

3. 说明 CMOS 电路输出高电平和低电平时,输出电流的大小、方向,以及与负载的关系。

4. 在数字电路中,CMOS 电路和 TTL 电路可以混合使用。请问,CMOS 电路如何驱动 TTL 电路? TTL 电路如何驱动 CMOS 电路?

5. 分别在 CMOS 和 TTL 与非门的一个输入端接 $300\ \Omega$ 和 $10\ \text{k}\Omega$ 的电阻再接地,其余输入端接高电平。请问,在这两种情况下,CMOS 和 TTL 与非门的输出电平分别是多少?

5.3　组合逻辑电路分析与设计

5.3.1　实验目的

1. 概述组合逻辑电路的分析方法与测试方法。

2. 对照组合逻辑电路的分析方法,能用指定芯片完成组合逻辑电路的设计。

3. 用实验测试所设计的逻辑电路的逻辑功能。

4. 记忆各种集成门电路符号。

5.3.2　实验设备

DZX-2 型电子学综合实验平台,集成器件 74LS00、74LS86、74LS04 各一片,万用表一块。

5.3.3　实验原理和电路

1. 组合电路是最常见的逻辑电路,可以用一些常用的门电路来组合成具有其他功能的门电路。

2. 组合电路的分析是根据所给的逻辑电路,写出其输入与输出之间的函数表达式或真值表,从而确定该电路的逻辑功能。组合电路的设计是根据给定的逻辑问题,完成实现这一逻辑功能的最简逻辑电路。这里所说的“最简”,即器件数量最少、器件种类最少,且器件之间的连线最少。组合逻辑电路的基本设计方法如下:

(1) 进行逻辑抽象。

逻辑抽象的步骤通常按照如下方法进行:

① 首先,分析事件的因果关系,确定输入和输出变量。一般总是把引起事件的原因定为输入,而把事件的结果作为输出。

② 其次,对输入变量和输出变量进行二进制编码,其编码的规则和含义由设计者根据事件选定。

③ 最后,根据选定的因果关系列出真值表。真值表是所有描述方法中最直接的描述方式,因此经常根据给定的因果关系列出真值表,便将一个实际的逻辑问题抽象成一个逻辑函数。

(2) 写逻辑函数式。

为便于对逻辑函数进行化简和变换,需要把真值表转换为对应的逻辑函数式。

(3) 选定器件类型并将逻辑函数化简或转换成适当的描述形式。

可采用不同类型的器件来实现逻辑函数。按集成度的分类,目前的数字电路可分为小规模集成电路、中规模集成电路以及大规模集成电路。学生在设计实现中,亦可根据教师指定的器件设计逻辑电路。应将函数式变换成与器件种类相适应的形式。

(4) 根据化简或转换后的逻辑式,画出逻辑电路图。

(5) 对已设计的逻辑电路进行测试,验证其正确性。

3. 组合电路设计过程是在理想情况下进行的,即假设一切器件均没有延迟效应,但实际上并非如此,信号通过任何导线或器件都需要一段响应时间,由于制造工艺上的原因,各器件延迟时间的离散性很大,这就有可能在一个组合电路中,在输入信号发生变化时产生错误的输出。这种输出出现瞬时错误的现象,被称为组合电路的冒险现象(简称其为险象)。

5.3.4 实验内容

1. 测试用与非门 74LS00 组成的电路的逻辑功能,分析其功能。

(1) 写出图 5.3.1 所示电路输出的逻辑函数式,并画卡诺图,判断能否化简。

(2) 根据函数式列真值(即表 5.3.1)。

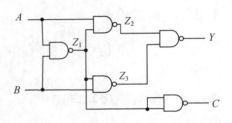

图 5.3.1 由与非门组成的电路

表 5.3.1 实验电路的真值表

A	B	Z_1	Z_2	Z_3	Y	C
0	0					
0	1					
1	0					
1	1					

(3) 根据图 5.3.1,A、B 两输入接至十六位开关输出插口,Y、C 分别接至十六位逻辑电平输入插口。按表 5.3.2 的要求进行逻辑状态的测试,并将结果填入表中,同时与表 5.3.1 所示的真值表进行比较,看两者是否一致。

表 5.3.2 实验电路的逻辑状态测试表

A	B	Y	C
0	0		
0	1		
1	0		
1	1		

2. 试用异或门 74LS86、与非门 74LS00 和反相器组成半加器电路,画出逻辑电路图。半加器是指没有低位送来的进位信号,只有本位相加的和及进位。实现半加器的真值表如表 5.3.3。

表 5.3.3 半加器的真值表

输入		输出	
A	B	Y(本位和)	C(进位)
0	0	0	0
0	1	1	0
1	0	1	0
1	1	0	1

3. 在半加器的基础上可以进一步实现全加器。试用异或门 74LS86、与非门 74LS00 和反相器组成全加器电路,画出逻辑电路图。全加器必须考虑低位的进位,通常用 C_i 表示。

5.3.5 预习要求

1. 复习组合逻辑电路的分析方法。
2. 复习半加器和全加器的工作原理。
3. 根据实验内容 1 列出输入、输出真值表。
4. 利用卡诺图化简实验内容 1 的输出逻辑函数表达式。
5. 利用指定门电路实现半加器和全加器逻辑功能。

5.3.6 实验报告要求

1. 详细描述实验内容中每个题目的分析过程,整理并分析实验数据。
2. 总结组合逻辑电路的分析和测试方法。

5.3.7 思考题

1. 什么是半加器和全加器?
2. 设计多位二进制加法器有哪些方法?

5.4 译码器及其应用

5.4.1 实验目的

1. 掌握二进制译码器和 7 段显示译码器的逻辑功能。
2. 了解各种译码器之间的差异,能正确选择译码器。
3. 熟悉掌握集成译码器的应用方法。
4. 掌握集成译码器的扩展方法。

5.4.2 实验设备

DZX-2 型电子学综合实验平台,集成器件 74LS138、74LS48、74LS20 各一片,万用表一块。

5.4.3 实验原理和电路

译码器的逻辑功能是将每个输入的二进制代码译成对应的输出高、低电平信号或另外一个代码。常用的译码器有二进制译码器、二—十进制译码器和显示译码器三类。

1. 二进制译码器(又称变量译码器)

二进制译码器的输入是一组二进制代码,输出是一组与输入代码一一对应的高、低电平信号。本实验以3线-8线二进制译码器74LS138为主,通过实验进一步掌握集成译码器。集成译码器是一种具有特定逻辑功能的组合逻辑器件。

双排直立式集成3线-8线译码器74LS138引脚功能真值表如表5.4.1所示,其原理图惯用画法如图5.4.1所示。

表 5.4.1 74LS138 引脚功能真值表

EN_1	$\overline{EN_{2A}}$	$\overline{EN_{2B}}$	A_2	A_1	A_0	$\overline{Y_7}$	$\overline{Y_6}$	$\overline{Y_5}$	$\overline{Y_4}$	$\overline{Y_3}$	$\overline{Y_2}$	$\overline{Y_1}$	$\overline{Y_0}$
0	×	×	×	×	×	1	1	1	1	1	1	1	1
×	1	×	×	×	×	1	1	1	1	1	1	1	1
×	×	1	×	×	×	1	1	1	1	1	1	1	1
1	0	0	0	0	0	1	1	1	1	1	1	1	0
			0	0	1	1	1	1	1	1	1	0	1
			0	1	0	1	1	1	1	1	0	1	1
			0	1	1	1	1	1	1	0	1	1	1
			1	0	0	1	1	1	0	1	1	1	1
			1	0	1	1	1	0	1	1	1	1	1
			1	1	0	1	0	1	1	1	1	1	1
			1	1	1	0	1	1	1	1	1	1	1

由表5.4.1可知:

(1) 三个使能端($EN_1\overline{EN_{2A}}\,\overline{EN_{2B}}=EN=0$)中任何一个无效时,译码器八个输出都是无效电平,即输出全为高电平"1"。

(2) 三个使能端($EN_1\overline{EN_{2A}}\,\overline{EN_{2B}}=EN=1$)均有效时,译码器八个输出中,仅与地址输入对应的一个输出端为有效低电平"0",其余均输出无效电平"1"。

(3) 在使能条件下,每个输出都是地址变量的最小项,由于输出低电平有效,输出函数可写成最小项取

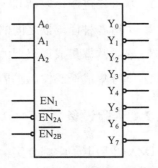

图 5.4.1 74LS138 原理图惯用画法

反,即:

$$\overline{Y_i} = \overline{EN_1 \overline{EN_{2A}}\ \overline{EN_{2B}}\ m_i}$$

2. 译码器 74LS138 的应用

(1) 用 74LS138 和门电路实现组合电路。

给定逻辑函数 L 可写成最小项之和的标准式,对标准式进行两次取非,便为最小项非的与非:

$$L = \overline{\overline{\prod_i \overline{m_i}}} = \overline{\overline{\prod_i \overline{Y_i}}}$$

逻辑变量作为译码器地址变量,即可用 74LS138 和与非门实现逻辑函数 L。

(2) 用译码器实现数据分配。

将需要传输的数据作为译码器的使能信号,地址变量作为数据输出通道的选择信号,译码器就能实现有选择的输出数据。

3. 显示译码/驱动器 74LS48

(1) 七段发光二极管数码管。

LED 数码管是目前最常用的数字显示器,有共阴管和共阳管两种电路。图 5.4.2 (a)、(b)所示分别为数码管 BS201A 的等效电路和外形。

一个 LED 数码管可用来显示 0~9 十进制数和一个小数点。小型数码管(0.5 寸和 0.36 寸)每段发光二极管的正向压降随显示光的颜色略有不同,通常约为 2~2.5 V,每个发光二极管的点亮电流约 5~10 mA。LED 数码管要显示 BCD 码表示的十进制数字,还需要一个专门的译码器,该译码器不但要完成译码功能,还要具有驱动能力。

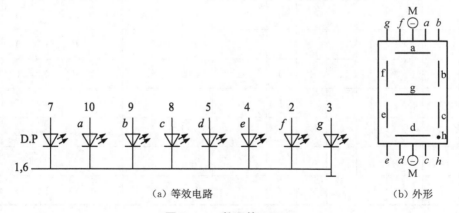

（a）等效电路　　　　　　　（b）外形

图 5.4.2　数码管 BS201A

(2) BCD 码七段译码驱动器。

半导体数码管可以用 TTL 或 CMOS 集成电路直接驱动。为此,需要使用显示译码器将 BCD 码译成数码管需要的驱动信号,以便使数码管用十进制数字显示出 BCD 码表示的数值。此类译码器有 74LS48(共阴)、74LS47(共阳)、CC4511(共阴)等。本实验采用 74LS48 驱动共阴极 LED 数码管,其功能表如表 5.4.2 所示。

表 5.4.2　74LS48 功能表

功能	输入						入/出	输出							字形
	$\overline{LT}$	$\overline{RBI}$	D	C	B	A	$\overline{BI}/\overline{RBO}$	a	b	c	d	e	f	g	
0	1	1	0	0	0	0	1	1	1	1	1	1	1	0	0
1	1	×	0	0	0	1	1	0	1	1	0	0	0	0	1
2	1	×	0	0	1	0	1	1	1	0	1	1	0	1	2
3	1	×	0	0	1	1	1	1	1	1	1	0	0	1	3
4	1	×	0	1	0	0	1	0	1	1	0	0	1	1	4
5	1	×	0	1	0	1	1	1	0	1	1	0	1	1	5
6	1	×	0	1	1	0	1	0	0	1	1	1	1	1	6
7	1	×	0	1	1	1	1	1	1	1	0	0	0	0	7
8	1	×	1	0	0	0	1	1	1	1	1	1	1	1	8
9	1	×	1	0	0	1	1	1	1	1	0	0	1	1	9
10	1	×	1	0	1	0	1	0	0	0	1	1	0	1	c
11	1	×	1	0	1	1	1	0	0	1	1	0	0	1	⊐
12	1	×	1	1	0	0	1	0	1	0	0	0	1	1	u
13	1	×	1	1	0	1	1	1	0	0	1	0	1	1	⊑
14	1	×	1	1	1	0	1	0	0	0	1	1	1	0	⊢
15	1	×	1	1	1	1	1	0	0	0	0	0	0	0	灭
灭灯	×	×	×	×	×	×	0	0	0	0	0	0	0	0	灭
灭 0	1	0	0	0	0	0	0	0	0	0	0	0	0	0	灭
试灯	0	×	×	×	×	×	1	1	1	1	1	1	1	1	8

用 74LS48 可以直接驱动共阴极的半导体数码管。但当 $V_{CC}=5\ \text{V}$ 时,直接驱动数码管的电流只有 2 mA 左右,如果数码管需要的电流大于这个数值,则应在集成上拉电阻上并联适当的电阻。图 5.4.3 为 74LS48 与共阴数码管的连接示意图,图中各电阻为并联

上拉限流电阻。

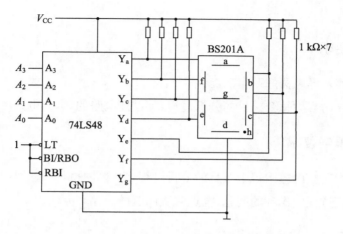

图 5.4.3　74LS48 驱动 BS201A 的连接示意图

5.4.4　实验内容

1. 74LS138 功能测试。将 74LS138 输出 $Y_7 \sim Y_0$ 接十六位逻辑电平输入插口,地址 A_2、A_1、A_0 输入接十六位开关输出插口,使能端也接十六位开关输出插口。

$EN_1 \overline{EN_{2A}}\ \overline{EN_{2B}} \neq 100$ 时,任意扳动高/低电平开关,观察 LED 显示状态,记录之。

$EN_1 \overline{EN_{2A}}\ \overline{EN_{2B}} = 100$ 时,按二进制顺序扳动高/低电平开关,观察 LED 显示状态,并与功能表对照,记录之。

2. 按图 5.4.4 连接电路,测试电路逻辑功能,列出逻辑函数 F 的真值表。

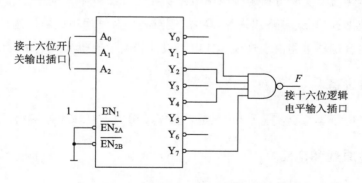

图 5.4.4　由 74LS138 构成的实验电路 1

3. 用指定器件 74LS138 和 74LS20 实现下述逻辑函数:

$$L(A, B, C) = AB + AC + BC$$

4. 试用 74LS138 译码器设计一个检测信号灯工作状态的电路。信号灯有红(R)、黄

(Y)、绿(G)三种,正常工作时,只能是红,或绿或红黄,或绿黄灯亮,其他情况视为故障,电路报警,报警输出为 1。

5.4.5　预习要求

1. 进一步熟悉译码器的逻辑功能。
2. 完成实验内容中每个题目的分析过程,需设计电路的,画出电路图。

5.4.6　实验报告要求

1. 详细描述实验内容中每个题目的分析过程,整理并分析实验数据。
2. 思考实验过程中遇到的问题,描述解决问题的思路和办法。

5.4.7　思考题

1. 如何将 3 线-8 线译码器扩展为 4 线-16 线译码器?
2. 如何用 74LS138 实现 1 位全加器?

5.5　数据选择器功能测试及应用电路的设计与调试

5.5.1　实验目的

1. 进一步学习用实验分析组合逻辑电路功能的方法。
2. 理解数据选择器(多路开关 MUX)的逻辑功能及常用集成数据选择器。
3. 了解组合逻辑电路由小规模集成电路设计和由中规模集成电路设计的不同特点。

5.5.2　实验设备

DZX-2 型电子学综合实验平台,集成器件 74LS151、74LS04 各一片,万用表一块。

5.5.3　实验原理和电路

1. 数据选择器

本实验使用的集成数据选择器 74LS151 为八选一数据选择器,数据选择端三个地址输入 A_7、A_1、A_0 用于选择八个数据输入通道 $D_7 \sim D_0$ 中对应下标的一个数据输入通道,并实现将该通道输入数据传送到输出端 Y(或互补输出端 $\bar{Y}$)的功能。74LS151 还有一个低电平有效的使能端 $\overline{EN}$,以便实现扩展应用。74LS151 功能真值表如表 5.5.1

所示。

在使能条件下（$\overline{EN}=0$），74LS151 的输出可以表示为 $Y=\sum\limits_{i=1}^{7}m_i D_i$，其中 m_i 为地址变量 A_2、A_1、A_0 的最小项。只要确定输入数据，就能实现相应的逻辑函数，成为逻辑函数发生器。

表 5.5.1　74LS151 功能真值表

$\overline{EN}$	A_2	A_1	A_0	Y	$\overline{Y}$
1	×	×	×	0	1
0	0	0	0	D_0	$\overline{D}_0$
0	0	0	1	D_1	$\overline{D}_1$
0	0	1	0	D_2	$\overline{D}_2$
0	0	1	1	D_3	$\overline{D}_3$
0	1	0	0	D_4	$\overline{D}_4$
0	1	0	1	D_5	$\overline{D}_5$
0	1	1	0	D_6	$\overline{D}_6$
0	1	1	1	D_7	$\overline{D}_7$

2. 数据选择器的应用

（1）数据选择器是一种通用性很强的器件，其功能可扩展，当需要输入通道数目较多的多路器时，可采用多级结构或灵活运用选通端功能的方法来扩展输入通道数目。

（2）应用数据选择器可以方便而有效地设计组合逻辑电路，与用小规模集成电路来设计逻辑电路相比，具有可靠性好、成本低的优点。

（3）实现逻辑函数。用一个四选一数据选择器可以实现任意三变量的逻辑函数；用一个八选一数据选择器可以实现任意四变量的逻辑函数。当变量数目较多时，设计方法是合理地选用地址变量，通过对函数的运算，确定各数据输入端的输入方程，也可用多级数据选择器来实现。

例：用八选一数据选择器实现三变量函数：$Y=AB+BC+AC$。

将表达式整理得：

$$Y=ABC+AB\overline{C}+\overline{A}BC+A\overline{B}C$$
$$=m_7\cdot 1+m_6\cdot 1+m_5\cdot 1+m_4\cdot 0+m_3\cdot 1+m_2\cdot 0+m_1\cdot 0+m_0\cdot 0$$

显然，$D_0=D_1=D_2=D_4=0$，$D_3=D_5=D_6=D_7=1$，用 74LS151 实现电路如图 5.5.1 所示。

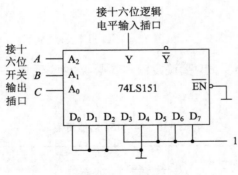

图 5.5.1　例题电路

5.5.4　实验内容

（1）利用实验装置测试 74LS151 八选一数据选择器的逻辑功能,将实验结果记录在表 5.5.2 中。

表 5.5.2　74LS151 的逻辑功能测试表

使能端	地址输入			数据输入								输出	
$\overline{EN}$	A_2	A_1	A_0	D_0	D_1	D_2	D_3	D_4	D_5	D_6	D_7	Y	$\overline{Y}$
1	×	×	×	×	×	×	×	×	×	×	×		
0	0	0	0	D_0	×	×	×	×	×	×	×		
0	0	0	1	×	D_1	×	×	×	×	×	×		
0	0	1	0	×	×	D_2	×	×	×	×	×		
0	0	1	1	×	×	×	D_3	×	×	×	×		
0	1	0	0	×	×	×	×	D_4	×	×	×		
0	1	0	1	×	×	×	×	×	D_5	×	×		
0	1	1	0	×	×	×	×	×	×	D_6	×		
0	1	1	1	×	×	×	×	×	×	×	D_7		

（2）交通灯红色用 R、黄色用 Y、绿色用 G 表示,亮为 1,灭为 0。只有当其中一只亮时为正常 $Z=0$,其余状态均为故障 $Z=1$。试用 74LS151 设计该交通灯故障报警电路。

（3）有一密码电子锁,锁上有四个锁孔 A、B、C、D,按下为 1,否则为 0,当按下 A 和 B、或 A 和 D、或 B 和 D 时,再插入钥匙,锁即打开。若按错了键孔,当插入钥匙时,锁打不开,并发出报警信号,有警为 1,无警为 0。试用 74LS151 和 74LS04 设计该密码电子锁电路。

（4）试用 74LS151 和 74LS04 设计四变量的多数表决电路。当输入变量 A、B、C、

D 有三个或三个以上为 1 时输出为 1，输入其他状态时输出为 0。

5.5.5　预习要求

1. 进一步熟悉数据选择器的逻辑功能。
2. 完成实验内容中每个题目的分析过程，需设计电路的，画出电路图。

5.5.6　实验报告要求

1. 详细描述实验内容中每个题目的分析过程，整理并分析实验数据。
2. 思考实验过程中遇到的问题，描述解决问题的思路和办法。
3. 总结组合逻辑电路的设计方法。

5.5.7　思考题

1. 利用数据选择器和译码器实现组合逻辑函数各有什么特点？试用一片 74LS138 和与非门，或用一片 74LS151，实现函数 $L = \overline{A}BC + A\overline{B}\,\overline{C} + BC$，并画出逻辑电路图。
2. 信号传输速度、路径与逻辑竞争有什么关系？
3. 如何用 74LS151 实现四变量乃至多变量的逻辑函数？

5.6　触发器及其应用

5.6.1　实验目的

1. 掌握基本 RS、JK、D 和 T 触发器的逻辑功能。
2. 掌握集成触发器的使用方法和逻辑功能的测试方法。
3. 熟悉触发器之间相互转换的方法。

5.6.2　实验设备

DZX-2 型电子学综合实验平台，集成器件 74LS112、74LS74、74LS138、74LS00 各一片，万用表一块。

5.6.3　实验原理和电路

触发器具有两个稳定状态，用以表示状态"1"和"0"，在一定的外界信号作用下，可以从一个稳定状态翻转到另一个稳定状态，它是一个具有记忆功能的二进制信息存贮器件,是构成各种时序电路的最基本单元。

1. 基本 RS 触发器

图 5.6.1 所示为由两个与非门交叉耦合构成的基本 RS 触发器,它是无时钟低电平直接触发有效。

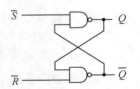

$\overline{S}$ 为置"1"端,因为 $\overline{S}=0$ 时触发器被置"1";$\overline{R}$ 为置"0"端,因为 $\overline{R}=0$ 时触发器被置"0";当 $\overline{S}=\overline{R}=1$ 时状态保持。基本 RS 触发器也可以用两个"或非门"组成,此时为高电平触发有效。

图 5.6.1 用与非门组成的基本 RS 触发器

2. JK 触发器

在输入信号为双端的情况下,JK 触发器是功能完善、使用灵活和适用性较强的一种触发器。本实验采用 74LS112 双 JK 触发器,是下降边沿触发器。JK 触发器的状态方程如下:

$$Q_{n+1}=J\overline{Q}_n+\overline{K}Q_n$$

J 和 K 是数据输入端,是触发器状态更新的依据,若 J、K 有两个或两个以上输入端,组成"与"的关系。Q 与 $\overline{Q}$ 为两个互补输出端。通常把 $Q=0$、$\overline{Q}=1$ 的状态定为触发器"0"状态;而把 $Q=1$、$\overline{Q}=0$ 定为"1"状态。后沿触发 JK 触发器的功能表如表 5.6.1 所示。

表 5.6.1 后沿触发 JK 触发器的功能表

输入					输出	
$\overline{S}_D$	$\overline{R}_D$	CP	J	K	Q_{n+1}	$\overline{Q}_{n+1}$
0	1	×	×	×	1	0
1	0	×	×	×	0	1
0	0	×	×	×	φ	φ
1	1	↓	0	0	Q_n	$\overline{Q}_n$
1	1	↓	0	1	0	1
1	1	↓	1	0	1	0
1	1	↓	1	1	$\overline{Q}_n$	Q_n
1	1	↑	×	×	Q_n	$\overline{Q}_n$

3. D 触发器

在输入信号为单端的情况下,D 触发器用起来较为方便,其状态方程如下:

$$Q_{n+1}=D$$

其输出状态的更新发生在 CP 脉冲的上升沿,故又称为上升沿触发的边沿触发器,触发器的状态只取决于时钟到来前 D 端的状态,D 触发器的应用很广,可用作数字信号的寄存,移位寄存,分频和波形发生等。其功能表如表 5.6.2。

表 5.6.2　边沿 D 触发器的功能表

输入				输出	
$\bar{S}_D$	$\bar{R}_D$	CP	D	Q_{n+1}	$\bar{Q}_{n+1}$
0	1	$\times$	$\times$	1	0
1	0	$\times$	$\times$	0	1
0	0	$\times$	$\times$	φ	φ
1	1	$\uparrow$	1	1	0
1	1	$\uparrow$	0	0	1
1	1	$\downarrow$	$\times$	Q_n	$\bar{Q}_n$

5.6.4　实验内容

1. 测试基本 RS 触发器的逻辑功能。按图 5.6.1,用两个与非门组成基本 RS 触发器,输入端 $\bar{R}$、$\bar{S}$ 接十六位开关输出插口,输出端 Q、$\bar{Q}$ 接十六位逻辑电平输入插口,按表 5.6.3 的要求测试,记录之。

表 5.6.3　基本 RS 触发器的逻辑功能测试表

$\bar{R}$	$\bar{S}$	Q_{n+1}	$\bar{Q}_{n+1}$
0	0		
0	1		
1	0		
1	1		

2. 双 JK 触发器 74LS112 逻辑功能。任取一只 JK 触发器,$\bar{R}_D$、$\bar{S}_D$、J、K 端接十六位开关输出插口,CP 端接单次脉冲源,Q、$\bar{Q}$ 端接至十六位逻辑电平输入插口。要求改变 $\bar{R}_D$、$\bar{S}_D$(J、K、CP 处于任意状态),并在 $\bar{R}_D=0$($\bar{S}_D=1$)或 $\bar{S}_D=0$($\bar{R}_D=1$)作用期间任意改变 J、K 及 CP 的状态,观察 Q、$\bar{Q}$ 状态,并记录在表 5.6.4 中。

再按表 5.6.4 的要求改变 J、K、CP 端状态,观察 Q、$\bar{Q}$ 状态变化,观察触发器状态更新是否发生在 CP 脉冲的下降沿(即 CP 由 1→0),记录之。

表 5.6.4 *JK* 触发器的逻辑功能测试表

$\overline{S}_D$	$\overline{R}_D$	J	K	CP	Q_{n+1}	
					$Q_n=0$	$Q_n=1$
0	1	×	×	×		
1	0	×	×	×		
1	1	0	0	0→1		
				1→0		
1	1	0	1	0→1		
				1→0		
1	1	1	0	0→1		
				1→0		
1	1	1	1	0→1		
				1→0		

3. 测试双 *D* 触发器 74LS74 的逻辑功能。按表 5.6.5 的要求进行测试,并观察触发器状态更新是否发生在 *CP* 脉冲的上升沿(即由 0→1),记录之。

4. 设计一个逻辑电路将 *JK* 触发器 74LS112 转换成 *D* 触发器,画出逻辑电路图并加以实现。

表 5.6.5 *D* 触发器的逻辑功能测试表

$\overline{S}_D$	$\overline{R}_D$	D	CP	Q_{n+1}	
				$Q_n=0$	$Q_n=1$
0	1	×	×		
1	0	×	×		
1	1	0	0→1		
			1→0		
1	1	1	0→1		
			1→0		

5.6.5 预习要求

1. 进一步熟悉触发器的逻辑功能。

2. 完成实验内容中每个题目的分析过程,需设计电路的,画出电路图。

5.6.6　实验报告要求

1. 详细描述实验内容中每个题目的分析过程,整理并分析实验数据。
2. 思考实验过程中遇到的问题,描述解决问题的思路和办法。

5.6.7　思考题

1. 设计时序逻辑电路,如何处理各触发器的清"0"端和置"1"端?
2. 为什么说触发器可以存储二进制信息?
3. 如何理解同步和异步的概念?

移位寄存器及其应用

5.7.1　实验目的

1. 掌握中规模四位双向移位寄存器逻辑功能及使用方法。
2. 熟悉移位寄存器的应用——构成串行累加器和环形计数器。

5.7.2　实验设备

DZX-2 型电子学综合实验平台,集成器件 74LS194 两片、74LS04、74LS20、74LS00、74LS32 各一片,万用表一块。

5.7.3　实验原理和电路

1. 移位寄存器是一个具有移位功能的寄存器,是指寄存器中所存的代码能够在移位脉冲的作用下依次左移或右移。既能左移又能右移的称为双向移位寄存器,只需要改变左、右移的控制信号便可实现双向移位要求。根据移位寄存器存取信息的方法不同,分为串入串出、串入并出、并入串出、并入并出四种形式。

本实验选用型号为 74LS194 的四位双向通用移位寄存器,其中:D_0、D_1、D_2、D_3 为并行输入端;Q_0、Q_1、Q_2、Q_3 为并行输出端;S_R 为右移串入输入端,S_L 为左移串入输入端;S_1、S_0 为操作模式控制端;$\overline{CR}$ 为直接无条件清零端;CP 为时钟脉冲输入端。

74LS194 有五种操作模式,即:并行送数寄存、右移(方向由 $Q_0 \rightarrow Q_3$)、左移(方向由 $Q_3 \rightarrow Q_0$)、保持及清零。

S_1、S_0 和 $\overline{CR}$ 端的控制作用如表 5.7.1 所示。

表 5.7.1 移位寄存器 74LS194 的操作模式

CP	$\overline{CR}$	S_1	S_0	$Q_0Q_1Q_2Q_3$
×	0	×	×	$\overline{CR}=0$，使 $Q_0Q_1Q_2Q_3=0000$，寄存器正常工作时，$\overline{CR}=1$
↑	1	1	1	CP 上升沿作用后，并行输入数据送入寄存器 $Q_0Q_1Q_2Q_3=D_0D_1D_2D_3$，此时串行数据（$S_R$、$S_L$）被禁止
↑	1	0	1	串行数据送至右移输入端 S_R，CP 上升沿进行右移。$Q_0Q_1Q_2Q_3=D_{SR}Q_0^nQ_1^nQ_2^n$
↑	1	1	0	串行数据送至左移输入端 S_L，CP 上升沿进行左移。$Q_0Q_1Q_2Q_3=Q_1^nQ_2^nQ_3^nD_{SL}$
↑	1	0	0	CP 作用后寄存器内容保持不变。$Q_0Q_1Q_2Q_3=Q_0^nQ_1^nQ_2^nQ_3^n$
↓	1	×	×	$Q_0Q_1Q_2Q_3=Q_0^nQ_1^nQ_2^nQ_3^n$

2. 移位寄存器应用广泛，可构成移位寄存器型计数器、顺序脉冲发生器、串行累加器，也可用作数据转换，即把串行数据转换为并行数据，或把并行数据转换为串行数据等。

（1）环形计数器。把移位寄存器的输出反馈到它的串行输入端，就可以进行循环移位，如图 5.7.1 所示，把输出端 Q_3 和右移串行输入端 S_R 相连接，设初始状态 $Q_0Q_1Q_2Q_3=1000$，则在时钟脉冲作用下，$Q_0Q_1Q_2Q_3$ 将依次变为 $0100 \rightarrow 0010 \rightarrow 0001 \rightarrow 1000 \rightarrow \cdots\cdots$，可见它是一个具有四个有效状态的计数器，这种类型的计数器通常称为环行计数器。图 5.7.1 所示电路可以由各个输出端输出在时间上有先后顺序的脉冲，因此也作为顺序脉冲发生器。如果将 Q_0 与 S_L 相连接，即可达到左移循环移位。

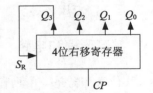

图 5.7.1 四位环形计数器（右移）

（2）实现数据串、并行转换。

① 串行/并行转换器。

串行/并行转换是指串行输入的数码，经转换电路之后变换输出。图 5.7.2 所示是七位串/并行数据转换电路。转换过程如下：转换前，$\overline{CR}$ 端加低电平，使两片寄存器同时清零，此时 $S_1S_0=11$，寄存器执行并行输入工作方式。当第一个 CP 脉冲到来后，寄存器的输出状态 $Q_0 \sim Q_6$ 为 01111111，与此同时 $S_1S_0=$ 变为 01，转换电路变为执行串行右移工作方式,串行输入数据由第 1 片的 S_R 端加入。追随着 CP 脉冲的依次加入,输出状态的变化如表 5.7.2 所示。

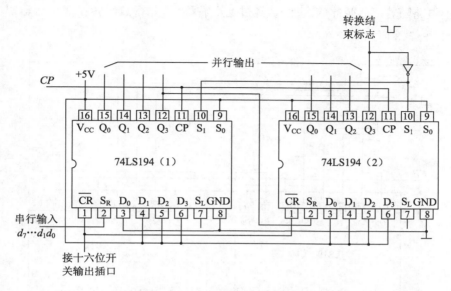

图 5.7.2　七位串/并行数据转换电路

由表 5.7.2 可见,右移操作七次之后, Q_7 变为 0, $S_1 S_0$ 又变为 11,即串行输入结束。这时,串行输入的数码已经转换为成并行输出。

表 5.7.2　图 5.7.2 所示电路的状态转换表

CP	Q_0	Q_1	Q_2	Q_3	Q_4	Q_5	Q_6	Q_7	说明
0	0	0	0	0	0	0	0	0	清零
1	0	1	1	1	1	1	1	1	送数
2	d_0	0	1	1	1	1	1	1	右移操作七次
3	d_1	d_0	0	1	1	1	1	1	
4	d_2	d_1	d_0	0	1	1	1	1	
5	d_3	d_2	d_1	d_0	0	1	1	1	
6	d_4	d_3	d_2	d_1	d_0	0	1	1	
7	d_5	d_4	d_3	d_2	d_1	d_0	0	1	
8	d_6	d_5	d_4	d_3	d_2	d_1	d_0	0	
9	0	1	1	1	1	1	1	1	送数

② 并行/串行转换器。

并行/串行转换器是指并行输入的数码经转换电路后,转换成串行输出,如图 5.7.3 所示。当寄存器清零后,加一个转换启动信号,此时,操作模式控制端 $S_1 S_0$ 为 11,转换电路执行并行输入操作。 当第一个 CP 脉冲到来后，$Q_0Q_1{\cdots}Q_6Q_7$ 的状态为 $0D_1D_2D_3D_4D_5D_6D_7$，并行输入数码存入寄存器。从而使得操作模式控制端 S_1S_0 变为 01，转换电路随着 CP 脉冲依次加入，经过七次右移后，并行数码转换成串行输出。转换过程如表 5.7.3 所示。

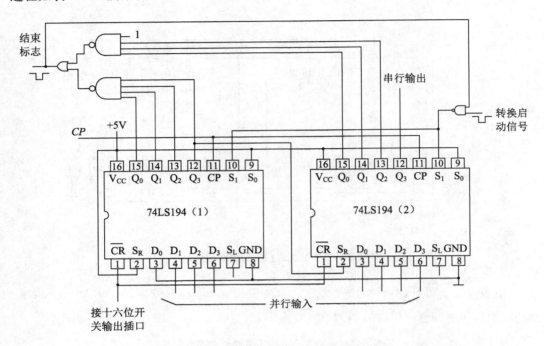

图 5.7.3　七位并行/串行转换器

表 5.7.3　图 5.7.3 所示电路的状态转换表

CP	Q_0	Q_1	Q_2	Q_3	Q_4	Q_5	Q_6	Q_7	串行输出
0	0	0	0	0	0	0	0	0	
1	0	D_1	D_2	D_3	D_4	D_5	D_6	D_7	
2	1	0	D_1	D_2	D_3	D_4	D_5	D_6	D_7
3	1	1	0	D_1	D_2	D_3	D_4	D_5	D_6
4	1	1	1	0	D_1	D_2	D_3	D_4	D_5
5	1	1	1	1	0	D_1	D_2	D_3	D_4
6	1	1	1	1	1	0	D_1	D_2	D_3
7	1	1	1	1	1	1	0	D_1	D_2
8	1	1	1	1	1	1	1	0	D_1
9	0	D_1	D_2	D_3	D_4	D_5	D_6	D_7	

5.7.4 实验内容

1. 测试 74LS194 的逻辑功能

根据集成器件引脚图接线，$\overline{CR}$、S_1、S_0、S_L、S_R、D_0、D_1、D_2、D_3 分别接至十六位开关输出插口；Q_0、Q_1、Q_2、Q_3 接十六位逻辑电平输入插口。CP 端接单次脉冲源输出插口。按表 5.7.4 规定的输入状态，逐项进行测试。

(1) 清除。令 $\overline{CR}=0$，其他输入均为任意态，这时寄存器输出 Q_0、Q_1、Q_2、Q_3 应均为 0。清除后，置 $\overline{CR}=1$。

(2) 送数。令 $\overline{CR}=1$，$S_1=S_0=1$，送入任意 4 位二进制数，如 $D_0D_1D_2D_3=1011$，加 CP 脉冲，观察 $CP=0$、CP 由 $0\to1$、CP 由 $1\to0$ 三种情况下寄存器输出状态的变化，观察寄存器输出状态变化是否发生在 CP 脉冲的上升沿。

(3) 右移。清零后，令 $\overline{CR}=1$。$S_1=0$、$S_0=1$，由右移输入端 S_R 依次送入二进制数码如 0100，由 CP 端连续加 4 个脉冲，观察输出情况，记录之。

(4) 左移。先清零或予置，再令 $\overline{CR}=1$，$S_1=1$、$S_0=0$，由左移输入端 S_L 依次送入二进制数码如 1010，连续加四个 CP 脉冲，观察输出端情况，记录之。

(5) 保持。寄存器予置任意 4 位二进制数码，令 $\overline{CR}=1$，$S_1=S_0=0$，加 CP 脉冲，观察寄存器输出状态，记录之。

表 5.7.4 74LS194 的逻辑功能测试表

CP	$\overline{CR}$	S_1	S_0	S_R	S_L	$D_0D_1D_2D_3$	$Q_0Q_1Q_2Q_3$	功能
×	0	×	×	×	×			
↑	1	1	1	×	×			
↑	1	0	1	0	×			
↑	1	0	1	1	×			
↑	1	0	1	0	×			
↑	1	0	1	0	×			
↑	1	1	0	×	1			
↑	1	1	0	×	0			
↑	1	1	0	×	1			
↑	1	1	0	×	0			
↑	1	0	0	×	×			

2. 循环移位

将实验内容 1 接线参照图 5.7.1 进行改接。用并行送数法预置寄存器为某二进制数码（如 0010），然后进行右移循环，观察寄存器输出端状态的变化，记入表 5.7.5。

表 5.7.5　四位环形计数器状态转换测试表

CP	Q_0	Q_1	Q_2	Q_3
0	0	0	1	0
1				
2				
3				
4				

3. 实现数据的串、并行转换

（1）串行/并行转换器。

按图 5.7.2 接线，进行右移串入并出实验，串入数码自定，自拟表格，记录之。

（2）并行输入、串行输出。

按图 5.7.3 接线，进行右移并入串出实验，并入数码自定，自拟表格，记录之。

5.7.5　预习要求

1. 复习有关寄存器的相关内容。
2. 查阅 74LS194、74LS20、74LS00、74LS32 器件，熟悉其逻辑功能及引脚排列。
3. 完成实验内容中每个题目的分析过程，需自拟表格的，列出实验记录表格。

5.7.6　实验报告要求

1. 分析表 5.7.4 的实验结果，总结移位寄存器 74LS194 的逻辑功能。
2. 根据实验内容 2 的结果，画出四位环形计数器的状态转换图及波形图。
3. 分析串/并、并/串转换器实验所得结果的正确性。

5.7.7　思考题

1. 对 74LS194 进行送数后，使输出端改成另外的数码，是否一定要使寄存器清零？
2. 使寄存器清零，除采用 $\overline{CR}$ 输入低电平外，可否采用右移或左移的方法？可否使用并行送数法？若可行，如何进行操作？

5.8　计数器及其应用

5.8.1　实验目的

1. 学习用集成触发器构成计数器的方法。

2．掌握中规模集成计数器的使用方法及功能测试方法。

3．运用集成计数器构成 1/N 分频器。

5.8.2　实验设备

DZX-2 电子学综合实验平台，集成器件 74LS74 两片，74LS90 一片，万用表一块，示波器一台。

5.8.3　实验原理和电路

计数器是一个用以实现计数功能的时序部件，它不仅可用来计脉冲数，还常用作数字系统的定时、分频和执行数字运算以及其他特定的逻辑功能。

计数器种类很多。按构成计数器中的各触发器是否使用一个时钟脉冲源来分，有同步计数器和异步计数器。根据计数器的计数容量，分为二进制计数器，十进制计数器和任意进制计数器。根据计数的增减趋势，又分为加法、减法和可逆计数器。还有可预置数和可编程序功能计数器，等等。目前，无论是 TTL 还是 CMOS 集成电路，都有品种较齐全的中规模集成计数电路。使用者只要借助于器件手册提供的功能表和工作波形图以及集成器件引脚图，就能正确地运用这些器件。

1．用 D 触发器构成异步二进制加/减计数器

异步计数器在做"加 1"计数时是采取从低位到高位逐位进位的方式工作，其中的各个触发器不是同步翻转。首先讨论二进制加法计数器的构成方法。按照二进制加法计数规则，每一位如果已经是 1，则再计入 1 时应变为 0，同时向高位发出进位信号，使高位翻转。若使用上升沿触发的 D 触发器，则只要将每只 D 触发器接成 T' 触发器（即每只 D 触发器的 D 接 $\overline{Q}$ 端），再由低位触发器的 $\overline{Q}$ 端和高一位的 CP 端相连接。图 5.8.1 所示是用四只 D 触发器构成的四位二进制异步加法计数器。

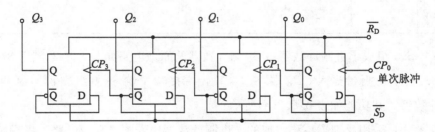

图 5.8.1　D 触发器构成的四位二进制异步加法计数器

按照二进制减法计数规则，若低位触发器已经是 0，则再输入一个减法计数脉冲后应翻成 1，同时向高位发出借位信号，使高位翻转。若同样采用上升沿触发的 D 触发器，则只要将每只 D 触发器接成 T' 触发器（即每只 D 触发器的 D 端接 $\overline{Q}$ 端），再由低位触发器

的 Q 端和高一位的 CP 端相连接。即只要将图 5.8.1 稍加改动,即将低位触发器的 Q 端与高一位的 CP 端相连接,即构成了一个 4 位二进制减法计数器。

2. 中规模十进制计数器 74LS90

74LS90 其内部是由四个下降沿 JK 触发器组成的两个独立计数器。一个是二进制计数器,$\overline{CP}_0$ 为时钟脉冲输入端,Q_0 为输出端;另一个是异步五进制计数器,$\overline{CP}_1$ 为时钟脉冲输入端,Q_3、Q_2、Q_1 为输出端。R_{0A}、R_{0B} 称异步复位(清零)端,S_{9A}、S_{9B} 称异步置 9 端。表 5.8.1 是该计数器功能表。由该表可见:

(1) 复位端 $R_{0A} = R_{0B} = 1$ 以及置 9 端 S_{9A} 或 S_{9B} 之中有一个接"0"就实现计数器清零,即 $Q_3 Q_2 Q_1 Q_0 = 0000$。

(2) 置 9 端 $S_{9A} = S_{9B} = 1$ 以及复位端 R_{0A} 或 R_{0B} 状态任意就实现计数器置"9",即 $Q_3 Q_2 Q_1 Q_0 = 1001$。

(3) 正常计数时,必须使 R_{0A} 或 R_{0B} 之中有一个接"0",同时 S_{9A} 或 S_{9B} 之中有一个接"0"。

表 5.8.1　十进制计数器 74LS90 功能表

输入端				输出端			
复位端		置 9 端		Q_3	Q_2	Q_1	Q_0
R_{0A}	R_{0B}	S_{9A}	S_{9B}				
1	1	0	$\times$	0	0	0	0
1	1	$\times$	0	0	0	0	0
$\times$	$\times$	1	1	1	0	0	1
0	$\times$	0	$\times$				
$\times$	0	$\times$	0	计　数			
0	$\times$	$\times$	0				
$\times$	0	0	$\times$				

由 74LS90 组成十进制计数器、六进制计数器的原理电路如图 5.8.2、图 5.8.3 所示。在图 5.8.2 中计数脉冲送入 $\overline{CP}_0$ 端,从 Q_0 输出端接 $\overline{CP}_1$ 端,这就组成 8421BCD 码十进制加法计数器。其功能如表 5.8.2(a)所示。

图 5.8.3 是采用反馈置零法组成的六进制计数器原理图。在该电路中将 $Q_1 Q_2$ 分别反馈到 R_{0A}、R_{0B} 复位端。计数器由 0000 开始计数到出现 $Q_3 Q_2 Q_1 Q_0 = 0110$,就使 $R_{0A} = R_{0B} = 1$,于是计数器强迫立即清零。这样 0110 状态只是在第六个时钟脉冲下降沿瞬间出现,亦即计数器只能出现完整的六个状态,故称它为六进制计数器。其功能如表 5.8.2(b)所示。

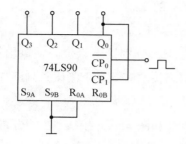

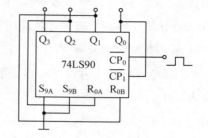

图 5.8.2　74LS90 接成十进制计数器　　**图 5.8.3　74LS90 接成六进制计数器**

表 5.8.2　计数器功能表

（a）8421BCD 码十进制计数器　　　　　　　　　（b）六进制计数器

计数脉冲	输出				计数脉冲	输出			
$\overline{CP}$	Q_3	Q_2	Q_1	Q_0	$\overline{CP}$	Q_3	Q_2	Q_1	Q_0
0	0	0	0	0	0	0	0	0	0
1	0	0	0	1	1	0	0	0	1
2	0	0	1	0	2	0	0	1	0
3	0	0	1	1	3	0	0	1	1
4	0	1	0	0	4	0	1	0	0
5	0	1	0	1	5	0	1	0	1
6	0	1	1	0	6	0	0	0	0
7	0	1	1	1					
8	1	0	0	0					
9	1	0	0	1					
10	0	0	0	0					

5.8.4　实验内容

1. 用 74LS74 触发器构成 4 位二进制异步加法计数器。

（1）按图 5.8.1 接线，$\overline{R}_D$、$\overline{S}_D$ 接至十六位开关输出插口，将低位 CP_0 端连接单次脉冲，输出端 Q_3、Q_2、Q_1、Q_0 接十六位逻辑电平输入插口。

（2）首先 $\overline{R}_D=0$、$\overline{S}_D=1$ 清零，再 $\overline{R}_D=1$、$\overline{S}_D=1$，逐个送入单次脉冲，观察并列表记录 $Q_3 \sim Q_0$ 状态。

（3）输入 1 kHz 的连续脉冲，用示波器观察 CP、Q_3、Q_2、Q_1、Q_0 端波形，描绘之。

（4）将图 5.8.1 电路中高位触发器的 CP 端改接到低一位的 Q 端，构成减法计数器，按实验步骤(2)、(3)进行实验,并列表记录 $Q_3 \sim Q_0$ 的状态。

2. 测试 74LS90 异步十进制计数器功能。

计数脉冲由单次脉冲源提供,R_{0A}、R_{0B}、S_{9A}、S_{9B} 分别接十六位开关输出插口,输出端 Q_3、Q_2、Q_1、Q_0 接十六位逻辑电平输入插口。按照表 5.8.1 测试并判断该集成块的功能是否正常。

3. 用 74LS90 构成十进制和六进制,按图 5.8.2 和图 5.8.3 接线,在 $\overline{CP}_0$ 端加入手动单次脉冲,观察 Q_3、Q_2、Q_1、Q_0 状态,记在自拟表格中。

5.8.5 预习要求

1. 复习有关计数器部分内容。

2. 绘出各实验内容的详细线路图。

3. 完成实验内容中每个题目的分析过程,需自拟表格的,列出实验记录表格。

4. 查阅手册,熟悉给出实验各集成器件的引脚图。

5.8.6 实验报告要求

1. 画出实验内容的部分线路图,记录、整理实验现象及实验所得的有关波形。对实验结果进行分析。

2. 总结使用集成计数器的方法。

5.8.7 思考题

1. 计数、定时器在通信系统中的作用是什么?

2. 进一步理解同步和异步的概念,如何理解同步清零和异步置数?

 5.9 555时基电路及其应用

5.9.1 实验目的

1. 熟悉 555 型集成时基电路的电路结构、工作原理及其特点。

2. 掌握 555 型集成时基电路的基本应用。

5.9.2 实验设备

DZX-2 型电子学综合实验平台,集成器件 555 一片,电阻 5.1 kΩ、100 kΩ,电位器

$10\ \mathrm{k\Omega}$、$100\ \mathrm{k\Omega}$，电容 $0.1\ \mathrm{\mu F}$、$0.01\ \mathrm{\mu F}$、$47\ \mathrm{\mu F}$ 若干，万用表一块，示波器一台。

5.9.3　实验原理和电路

集成时基电路称为集成定时器，是一种数字、模拟混合型的中规模集成电路，其应用十分广泛。它是一种产生时间延迟和多种脉冲信号的电路，由于内部电压标准使用了三个 $5\ \mathrm{k\Omega}$ 电阻，故取名 555 电路。其电路类型有双极型和 CMOS 型两大类，二者的结构与工作原理类似。几乎所有的双极型产品型号最后的三位数码都是 555 或 556；所有的 CMOS 产品型号最后四位数码都是 7555 或 7556，二者的逻辑功能和引脚排列完全相同，易于互换。555 和 7555 是单定时器。556 或 7556 是双定时器。双极型的电源电压 $V_{CC}=+5\sim+15\ \mathrm{V}$，输出的最大电流可达 $200\ \mathrm{mA}$，CMOS 型的电源电压为 $+3\sim+18\ \mathrm{V}$。

1. 555 定时器的工作原理

555 定时器的内部电路方框如图 5.9.1 所示。它含有两个电压比较器、一个基本 RS 触发器、一个放电开关管 T。比较器的参考电压由三只 $5\ \mathrm{k\Omega}$ 的电阻器构成的分压器提供，它们使高电平比较器 A_1 的同相输入端和低电平比较器 A_2 的反相输入端的参考电平分别为 $\frac{2}{3}V_{CC}$ 和 $\frac{1}{3}V_{CC}$。A_1 与 A_2 的输出端控制 RS 触发器状态和放电开关管状态。当输入信号自 6 脚输入，即高电平触发输入，并超过参考电平 $\frac{2}{3}V_{CC}$ 时，触发器复位，555 的输出端 3 脚输出为低电平，同时放电开关管导通；当输入信号自 2 脚输入并低于 $\frac{1}{3}V_{CC}$ 时，触发器置位，555 的 3 脚输出高电平，同时放电开关管截止。

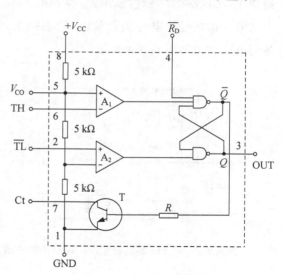

图 5.9.1　555 定时器内部电路方框

$\overline{R}_D$ 是复位端，当 $\overline{R}_D=0$ 时，555 输出为低电平。平时，$\overline{R}_D$ 端开路或接 V_{CC}。V_{CO} 是控制电压端（5 脚），平时输出 $\frac{2}{3}V_{CC}$ 作为比较器 A_1 的参考电平；当 5 脚外接一个输入电平时，即改变了比较器的参考电平，从而实现对输出的另一种控制；在不接外加电压时，通常接一个 $0.01\ \mathrm{\mu F}$ 的电容器到地，起滤波作用，以消除外来的干扰，以确保参考电平稳定。T 为放电管，当 T 导通时，将给接于脚 7 的电容器提供低阻放电通路。

555 定时器主要与电阻、电容构成充放电电路，并由两个比较器来检测电容器上的电压，以确定输出电平的高低和放电开关的通断。这就很方便地构成从微秒到数十分钟的延迟电路,可方便地构成单稳态触发器,多谐振荡器,施密特触发器等脉冲产生或波形变换电路。

2. 555 定时器的典型应用

(1) 构成单稳态触发器。

图 5.9.2 所示为由 555 定时器和外接定时元件 R、C 构成的单稳态触发器。触发电路由 C_1、R_1、D 构成,其中 D 为钳位二极管。稳态时,555 定时器输入端处于电源电平,输出端 F 输出低电平,内部放电开关管 T 导通。当有一个外部负脉冲触发信号经 C_1 加到 2 端,并使 2 端电位瞬时低于 $\frac{1}{3}V_{CC}$,低电平比较器动作,单稳态电路即开始一个暂态过程,电容 C 开始充电,其电压 v_C 按指数规律增长。当 v_C 充电到 $\frac{2}{3}V_{CC}$ 时,高电平比较器动作,比较器 A_1 翻转,输出 v_O 从高电平返回低电平,放电开关管 T 重新导通,电容 C 上的电荷很快经放电开关管放电,暂态结束,恢复稳态,为下个触发脉冲的到来做好准备。电压波形如图 5.9.3 所示。

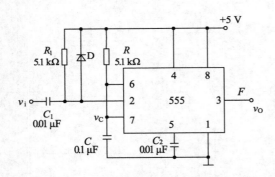

图 5.9.2 用 555 定时器接成的单稳态触发器

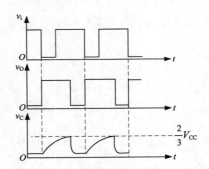

图 5.9.3 图 5.9.2 所示电路的电压波形

暂稳态的持续时间 t_w(即延时时间)取决于外接元件 R、C 的大小:

$$t_w = 1.1RC$$

通过改变 R、C 的大小,可使延时时间在几个微秒至几十分钟之间变化。当这种单稳态电路作为计时器时,可直接驱动小型继电器,并可以使用复位端(4 脚)接地的方法来中止暂态,重新计时。此外尚须用一个续流二极管与继电器线圈并接,以防继电器线圈反电势损坏内部功率管。

(2) 构成多谐振荡器。

如图 5.9.4 所示,由 555 定时器和外接元件 R_1、R_2、C 构成多谐振荡器,脚 2 与脚 6 直接相连。电路没有稳态,仅存在两个暂稳态,电路亦不需要外加触发信号,利用电源通

过 R_1、R_2 向 C 充电,以及 C 通过 R_2 向放电端 Ct 放电,使电路产生振荡。电容 C 在 $\frac{1}{3}V_{CC}$ 和 $\frac{2}{3}V_{CC}$ 之间充电和放电,其波形如图5.9.5所示。输出信号的时间参数是 $T = t_{w1} + t_{w2}$,$t_{w1} = 0.7(R_1 + R_2)C$,$t_{w2} = 0.7R_2C$。

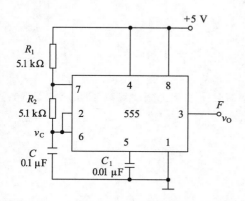

图 5.9.4　用 555 定时器接成的多谐振荡器

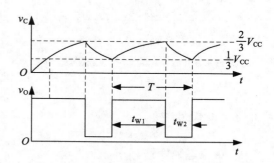

图 5.9.5　图 5.9.4 所示电路的电压波形

图 5.9.4 所示电路要求 R_1 与 R_2 均应大于或等于 1 kΩ,但 $R_1 + R_2$ 应小于或等于 3.3 MΩ。

外部元件的稳定性决定了多谐振荡器的稳定性,555 定时器配以少量的元件即可获得较高精度的振荡频率和具有较强的功率输出能力。因此,这种形式的多谐振荡器应用很广。

（3）组成占空比可调的多谐振荡器。

电路如图 5.9.6 所示,它比图 5.9.4 所示电路增加了一个电位器和两个导引二极管。D_1、D_2 用来决定电容充、放电电流流经电阻的途径(充电时 D_1 导通,D_2 截止;放电时 D_2 导通,D_1 截止)。

占空比 $\qquad q = \dfrac{t_{w1}}{t_{w1} + t_{w2}} \approx \dfrac{0.7R_AC}{0.7C(R_A + R_B)} = \dfrac{R_A}{R_A + R_B}$

可见,若取 $R_A = R_B$,电路可输出占空比为 50% 的方波信号。

（4）组成占空比连续可调且能调节振荡频率的多谐振荡器。

电路如图 5.9.7 所示。对 C_1 充电时,充电电流通过 R_1、D_1、W_2 和 W_1;放电时通过 W_1、W_2、D_2、R_2。当 $R_1 = R_2$、W_2 调至中心点,因充放电时间基本相等,其占空比约为 50%,此时调节 W_1 仅改变频率,占空比不变。如 W_2 调至偏离中心点,再调节 W_1,不仅振荡频率改变,而且对占空比也改变。W_1 不变,调节 W_2,仅改变占空比,对频率无影响。因此,当接通电源后,应首先调节 W_1 使频率至规定值,再调节 W_2,以获得需要的占空比。若频率调节的范围比较大,还可以用波段开关改变 C_1 的值。

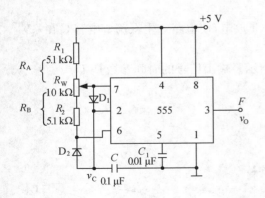

图 5.9.6 占空比可调多谐振荡器

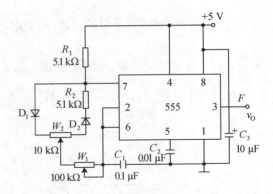

图 5.9.7 占空比、振荡频率可调的多谐振荡器

5.9.4 实验内容

1. 单稳态触发器

（1）按图 5.9.2 连线，输入端加 1 kHz 的连续脉冲，用示波器观测 v_i、v_C、v_O 的波形，测定幅度及延时时间 t_W。

（2）将 R 改为 100 kΩ，C 改为 47 μF，输入信号 v_i 由单次脉冲源提供，用示波器观测 v_i、v_C、v_O 波形，测定幅度与延时时间。

2. 多谐振荡器

（1）按图 5.9.4 接线，用示波器观测 v_C、v_O 的波形，测定频率。

（2）按图 5.9.6 接线，组成占空比为 50% 的方波信号发生器。观测 v_C、v_O 波形，测定波形参数。

（3）按图 5.9.7 接线，通过调节 W_1 和 W_2 来观测输出波形。

3. 触摸式开关定时控制器

利用 555 定时器设计制作一只触摸式开关定时控制器，每当用手触摸一次，电路即输出一个正脉冲宽度为 10 s 的信号。试搭出电路并测试电路功能。

5.9.5 预习要求

1. 复习有关 555 定时器的工作原理及其应用。

2. 拟定实验中所需的数据、波形表格。

3. 如何用示波器测定施密特触发器的电压传输特性曲线？

4. 拟定各次实验的步骤和方法。

5.9.6 实验报告要求

1. 绘出详细的实验线路图，定量绘出观测到的波形。

2. 分析、总结实验结果。

5.9.7　思考题

1. 在触摸开关实验中,对触摸时间有何具体要求?
2. 选用 555 定时器时,应主要考虑哪些技术指标?

5.10　D/A、A/D 转换器

5.10.1　实验目的

1. 了解 D/A、A/D 转换器的基本工作原理和基本结构。
2. 学习使用大规模集成电路,了解数/模、模/数转换原理。

5.10.2　实验设备

DZX-2 型电子学综合实验平台,集成器件 DAC0832、LM324 、ADC0809 各一片,电位器 1 kΩ 两个,万用表一块。

5.10.3　实验原理和电路

在数字电子技术的很多应用场合往往需要把模拟量转换为数字量,称模/数转换器(A/D 转换器,简称 ADC);或把数字量转换成模拟量,称为数/模转换器(D/A 转换器,简称 DAC)。完成这种转换的线路有多种,特别是单片大规模集成 A/D、D/A 问世,为实现上述的转换提供了极大的方便。使用者可借助于手册提供的器件性能指标及典型应用电路,即可正确使用这些器件。本实验将采用大规模集成电路 DAC0832 实现 D/A 转换,ADC0809 实现 A/D 转换。

1. D/A 转换器 DAC0832

DAC0832 是采用 CMOS 工艺制成的单片电流输出型 8 位数/模转换器。器件的核心部分采用倒 T 型电阻网络的 8 位 D/A 转换器。它由倒 T 型 R-$2R$ 电阻网络、模拟开关、运算放大器和参考电压 V_{REF} 四部分组成。运算的输出电压如下:

$$v_O = -\frac{V_{REF} \cdot R_f}{2^n R}(D_{n-1}2^{n-1} + D_{n-2}2^{n-2} + \cdots + D_0 2^0)$$

由上式可见,输出电压 v_O 与输入的数字量成正比,这就实现了从数字量到模拟量的转换。

一个 8 位的 D/A 转换器,它有 8 个输入端,每个输入端是 8 位二进制数的一位,有一个模拟输出端,输入有 $2^8 = 256$ 个不同的二进制组态,输出为 256 个电压之一,即输出电压不是整个电压范围内的任意值,而只能是 256 个可能值。如图 5.10.1 所示电路,DAC0832 管脚说明如下:

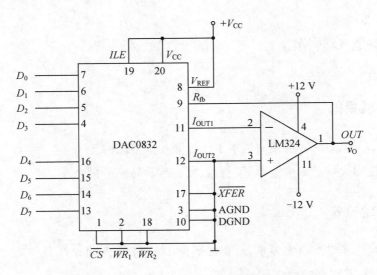

图 5.10.1　DAC0832 组成的 D/A 转换实验电路

$D_0 \sim D_7$:数字信号输入端。

ILE:输入寄存器允许,高电平有效。

$\overline{CS}$:片选信号,低电平有效。

$\overline{WR_1}$:写信号 1,低电平有效。

$\overline{XFER}$:传送控制信号,低电平有效。

$\overline{WR_2}$:写信号 2,低电平有效。

I_{OUT1},I_{OUT2}:DAC 电流输出端。

R_{fb}:反馈电阻,是集成在片内的外接运放的反馈电阻。

V_{REF}:基准电压($-10 \sim +10$ V)。

V_{CC}:电源电压($+5 \sim +15$ V)。

AGND:模拟地。

NGND:数字地,可与模拟地接在一起使用。

DAC0832 输出的是电流,要转换为电压,还必须经过一个外接的运算放大器,实验线路如图 5.10.1 所示。

2. A/D 转换器 ADC0809

ADC0809 是采用 CMOS 工艺制成的单片 8 位 8 通道逐次渐近型模/数转换器,其引脚排列如图 5.10.2 所示。

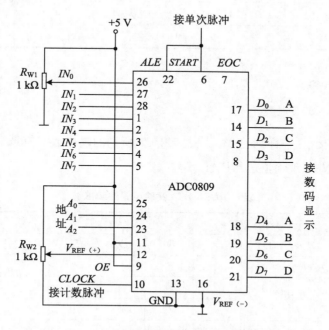

图 5.10.2　ADC0809 组成的 A/D 转换器实验电路

$IN_0 \sim IN_7$:8 路模拟信号输入端。

A_2、A_1、A_0:地址输入端。

ALE:地址锁存允许输入信号,在此脚施加正脉冲,上升沿有效,此时锁存地址码,从而选通相应的模拟信号通道,以便进行 A/D 转换。

$START$:启动信号输入端,应在此脚施加正脉冲,当上升沿到达时,内部逐次逼近寄存器复位,在下降沿到达后,开始 A/D 转换过程。

EOC:转换结束输出信号(转换结束标志),高电平有效。

OE:输入允许信号,高电平有效。

$CLOCK$:时钟信号输入端,外接时钟频率一般为 640 kHz。

V_{CC}:+5 V 单电源供电。

$V_{REF(+)}$、$V_{REF(-)}$:基准电压的正极、负极。一般,$V_{REF(+)}$ 接 +5 V 电源,$V_{REF(-)}$ 接地。

$D_7 \sim D_0$:数字信号输出端。

8 路模拟开关由 A_2、A_1、A_0 三地址输入端选通 8 路模拟信号中任何一路进行 A/D 转换,地址译码与模拟输入通道的选通关系如表 5.10.1 所示。

表 5.10.1　ADC0809 地址码与模拟输入通道的选通关系

被选模拟通道		IN_0	IN_1	IN_2	IN_3	IN_4	IN_5	IN_6	IN_7
地址	A_2	0	0	0	0	1	1	1	1
	A_1	0	0	1	1	0	0	1	1
	A_0	0	1	0	1	0	1	0	1

5.10.4　实验内容

1. D/A 转换

按图 5.10.1 接线,并详细检查。按表 5.10.2 所列的输入数字信号,测输出电压 v_O,将结果填入表中,并与理论值进行比较。

表 5.10.2　D/A 实验电路的测试

D_7	D_6	D_5	D_4	D_3	D_2	D_1	D_0	输出模拟量 v_O(V) $V_{CC}=+5$ V
0	0	0	0	0	0	0	0	
0	0	0	0	0	0	0	1	
0	0	0	0	0	0	1	0	
0	0	0	0	0	1	0	0	
0	0	0	0	1	0	0	0	
0	0	0	1	0	0	0	0	
0	0	1	0	0	0	0	0	
0	1	0	0	0	0	0	0	
1	0	0	0	0	0	0	0	
1	1	1	1	1	1	1	1	

2. A/D 转换

(1) 按图 5.10.2 接线,并详细检查。地址输入端 A_2、A_1、A_0 接地,调节电位器 R_{W1},改变输入信号,观察输出,并将结果填入表 5.10.3(取 $V_{REF}=5$ V)。

(2) 改变 ADC 的地址输入端 A_2、A_1、A_0 的输入状态,即任选另外一路,重复上一步的内容,自拟实验记录表格。

(3) 调节电位器 R_{W2},使 $V_{REF}=4$ V,重复第一步的内容,自拟实验记录表格。

表 5.10.3　A/D 实验电路的测试

V_{IN0}(V)	0.0	0.5	1.0	1.5	2.0	2.5	3.0	3.5	4.0	4.5	5.0
D											

3. 用 A/D 转换器实现数字电压表

试用 ADC0809 和适当的逻辑电路,实现一个测试 0~5 V 的 3 位十进制显示的数字电压表。

5.10.5　预习要求

1. 复习有关 A/D、D/A 转换器的工作原理。

2. 拟定实验中所需的实验记录表格。

3. 熟悉 DAC0832、ADC0809 器件的引脚功能和使用方法。

5.10.6　实验报告要求

1. 分析、总结实验结果。

2. 计算理论数据,与实验数据比较,分析误差原因。

5.10.7　思考题

1. 如何理解 A/D 转换的四个过程(采样、保持、量化、编码)的概念?

2. 举例说明 A/D 转换器和 D/A 转换器的用途。

第六篇

数字电子技术 Multisim 仿真实验

6.1 与非门逻辑功能测试及组成其他门电路

6.1.1 实验目的

1. 熟悉仿真软件 Multisim 的使用方法。
2. 了解基本门电路逻辑功能的测试方法。
3. 学会用与非门组成其他逻辑门的方法。

6.1.2 实验内容和步骤

1. 测试与非门的逻辑功能

(1) 按图 6.1.1 搭建仿真电路。

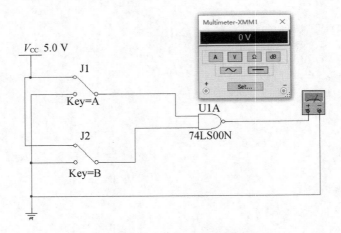

图 6.1.1 测试与非门逻辑功能仿真电路

（2）打开仿真开关,按表 6.1.1 所示,分别按动"A"和"B"键（切换开关 J1、J2,接+5 V 或地）,使与非门的两个输入端为表中四种情况,从虚拟万用表的放大面板上读出各种情况下的直流电位并填入表 6.1.1,再将电位转换成逻辑状态填入表 6.1.1。

表 6.1.1 电位转换成逻辑状态测试表

输入端		输出端	
A	B	电位(V)	逻辑状态
0	0		
0	1		
1	0		
1	1		

2. 用与非门组成其他功能门电路

（1）用与非门组成或门。

① 根据摩根定律,或门的逻辑函数表达式 $Q = A + B$ 可以写成 $Q = \overline{\overline{A} \cdot \overline{B}}$,因此,可以用三个与非门构成或门。

② 按图 6.1.2 所示搭建仿真电路。

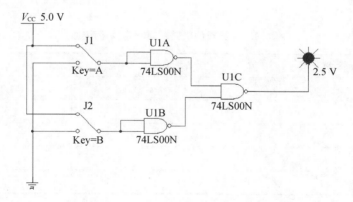

图 6.1.2 与非门组成或门仿真电路

③ 打开仿真开关,按表 6.1.2 的要求,分别按动"A"和"B",观察并记录指示灯的发光情况,将结果填入表 6.1.2,并分析或门电路的真值表。

表 6.1.2 或门电路逻辑状态关系测试

输入		输出	
A	B	指示灯状况	逻辑状态
0	0		
0	1		
1	0		
1	1		

（2）用与非门组成异或门。

① 按图 6.1.3 所示搭建仿真电路。

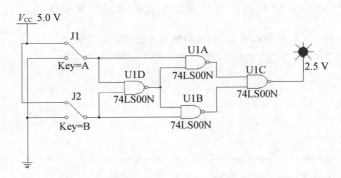

图 6.1.3　与非门组成异或门仿真电路

② 打开仿真开关，按表 6.1.3 要求，分别按动"A"和"B"，观察并记录指示灯的发光情况，将结果填入表 6.1.3。

③ 写出图 6.1.3 中各个与非门输出端的逻辑函数式，考察它们最终是否与异或门的逻辑函数式相符。

表 6.1.3　异或门电路逻辑状态关系测试

输入		输出	
A	B	指示灯状况	逻辑状态
0	0		
0	1		
1	0		
1	1		

（3）用与非门组成同或门。

① 按图 6.1.4 所示搭建仿真电路。

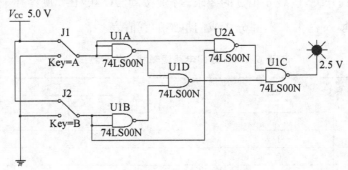

图 6.1.4　与非门组成同或门仿真电路

② 打开仿真开关,按表 6.1.4 要求,分别按动"A"和"B",观察并记录指示灯的发光情况,将结果填入表 6.1.4。

③ 写出图 6.1.4 中各与非门输出端的逻辑函数式,整理比较它们是否与同或门的逻辑函数式相符。

表 6.1.4　同或门电路逻辑状态关系测试

输入		输出	
A	B	指示灯状况	逻辑状态
0	0		
0	1		
1	0		
1	1		

6.1.3　实验整理和思考

整理并填写仿真实验各内容,并能写出图 6.1.2、图 6.1.3 和图 6.1.4 所示电路中各级与非门的输出逻辑表达式。

6.2　集成逻辑门的应用

6.2.1　实验目的

1. 通过 CMOS 门电路的应用实例加深对门电路的理解。
2. 掌握用门电路组成应用电路的仿真方法。
3. 学会用门电路制作简单的实用电子电路。

6.2.2　实验内容和步骤

1. 用 CMOS 电路组成多谐振荡器

(1) 按图 6.2.1 所示搭建仿真电路。

(2) 启动仿真,观察指示灯 X_1、X_2 的状态,双击示波器,调整好示波

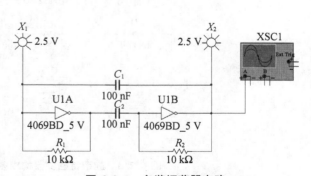

图 6.2.1　多谐振荡器电路

器参数,如图 6.2.2所示,描绘波形,计算波形的周期和占空比,完成表 6.2.1。

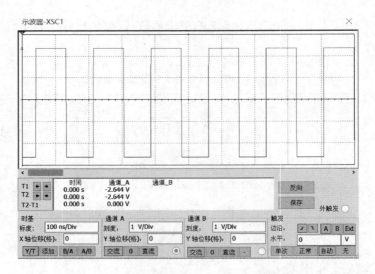

图 6.2.2　示波器观察图 6.2.1 所示电路波形

表 6.2.1　图 6.2.1 所示电路测试结果

波形	周期	占空比

2. 用施密特触发器构成脉冲占空比可调多谐振荡器

(1) 按图 6.2.3 所示搭建仿真电路。

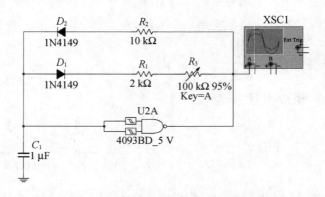

图 6.2.3　施密特触发器构成多谐振荡器仿真电路

（2）启动仿真，双击示波器，调整好示波器参数，观察并画出波形，读出波形的周期，计算频率和占空比，完成表6.2.2。

表6.2.2 图6.2.3所示电路测试结果

电位器R_3位置	周期	频率	占空比
50%			
30%			
70%			

3. 时钟脉冲源电路

（1）按图6.2.4所示搭建仿真电路。

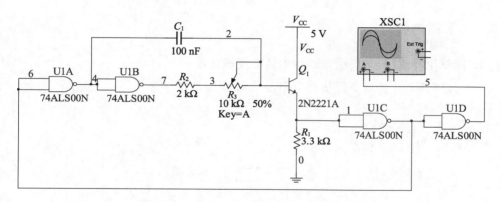

图6.2.4 时钟脉冲源仿真电路

（2）启动仿真，双击示波器，调整好示波器参数，观察并画出波形，读出波形的周期，计算频率和占空比，完成表6.2.3。

表6.2.3 图6.2.4所示电路测试结果

电位器R_3位置	周期	频率	占空比
50%			
30%			
70%			

6.2.3 实验整理和思考

整理并填写仿真实验各内容，并能写出图6.2.1、图6.2.3和图6.2.4所示电路中占空比表达式。

6.3 半加器和全加器

6.3.1 实验目的

1. 学会用电子仿真软件 Multisim 进行半加器和全加器仿真实验。
2. 学会用逻辑分析仪观察全加器波形。
3. 分析二进制数的运算规律。
4. 掌握组合电路的分析和设计方法。
5. 验证全加器的逻辑功能。

6.3.2 实验内容

1. 测试用异或门、与门组成的半加器的逻辑功能

（1）按图 6.3.1 所示搭建仿真电路。

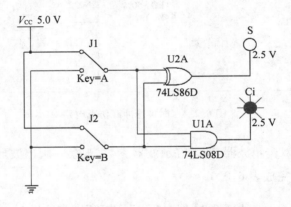

图 6.3.1 测试半加器的逻辑功能的仿真电路

（2）启动仿真,根据表 6.3.1,点击切换开关 J1、J2 以改变输入 A、B 进行实验,并将结果填入表内。

表 6.3.1 半加器的逻辑功能测试结果

输入		输出	
A	B	S	C_i
0	0		
0	1		
1	0		
1	1		

2. 测试全加器的逻辑功能

（1）按图6.3.2所示搭建仿真电路。

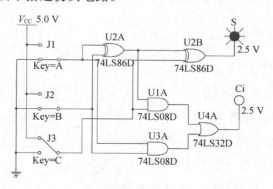

图6.3.2　测试全加器的逻辑功能的仿真电路

（2）启动仿真，根据表6.3.2所示的输入情况进行实验，并将结果填入表内。

表6.3.2　全加器的逻辑功能测试结果

输入			输出	
A	B	C_{i-1}	S	C_i
0	0	0		
0	0	1		
0	1	0		
0	1	1		
1	0	0		
1	0	1		
1	1	0		
1	1	1		

6.3.3　实验报告要求

1. 完成表6.3.1、表6.3.2的实验测试。

2. 总结全加器设计实验的分析、步骤和体会，写出完整的设计报告。

6.4　竞争-冒险现象及其消除

6.4.1　实验目的

1. 掌握组合逻辑电路产生竞争-冒险现象的原因。

2. 学会判断竞争-冒险是否可能存在的方法。

3. 了解常用消除竞争-冒险的方法。

6.4.2 实验内容及步骤

1. 0型冒险电路仿真

（1）按图6.4.1所示搭建电路。

（2）记录仿真结果，如图6.4.2所示。

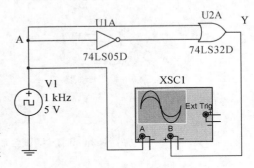

图 6.4.1　0型冒险电路

（3）从图6.4.2中示波器上显示的波形可以看到，在输入脉冲源的每一个下降沿处，输出都有一个尖脉冲。现分析其原因：该电路的逻辑功能为 $Y=A+\bar{A}=1$，这是从逻辑功能上来判断；但是，实际中的 $\bar{A}$ 是输入通过一个非门后实现的，而每一个实际的逻辑门在传输时都会存在一定的延时，所以，当 A 由"1"变为"0"时，$\bar{A}$ 由于变化滞后而仍保持一小段时间的"0"，这样在这一小段时间里，输出出现了一个不应当出现的"0"（即低电平、负窄脉冲），这也就是人们所说的 0 型冒险。

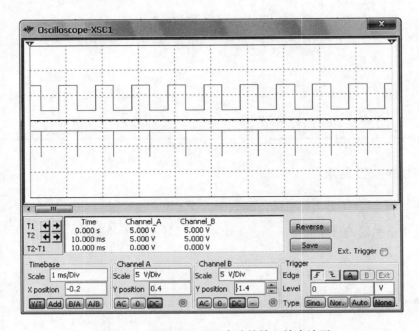

图 6.4.2　图 6.4.1 所示电路的输入输出波形

（4）消除方法。从理论上分析，此电路输出应恒为"1"，故而可用增加冗余项的方法来改进电路，即 $Y=A+\bar{A}+1$。应说明的是，本实验电路只是为了说明问题，实际中的电路往往更复杂,其冗余项可用其他变量来组合,而不是像本方法那样直接添"1"。

2. 1型冒险电路仿真实验

(1) 按图6.4.3所示搭建仿真电路。

(2) 启动仿真,并记录结果,如图6.4.4所示。

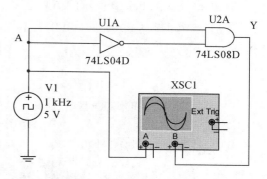

图 6.4.3 1型冒险电路

(3) 从图6.4.4中示波器上的波形可以看到,在输入脉冲源的每一个上升沿处,输出都有一个尖脉冲。现分析其原因:该电路的逻辑功能可表示为 $Y = A \cdot \bar{A} = 0$,这也只是从逻辑功能上来判断;但是,实际中的 $\bar{A}$ 是输入通过一个非门后实现的,而每一个实际的逻辑门在传输时都会存在一定的延时,所以,当 A 由"0"变为"1"时,$\bar{A}$ 由于变化滞后而仍保持一小段时间的"1",这样在这一小段时间里,输出出现了一个不应当出现的"1"(即高电平、正窄脉冲),这就是常说的1型冒险。

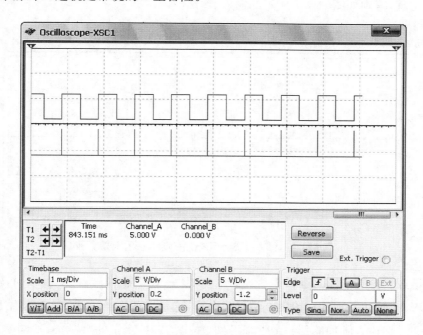

图 6.4.4 图 6.4.3电路的输入输出波形

(4) 消除方法。和实验内容1中的方法相似,因为从理论上分析,该电路的输出应当恒为"0",故而可增加一相与项,以改进电路,即 $Y = A \cdot \bar{A} \cdot 0$。 应说明的是,这个电路也只是为了说明1型冒险而设计的,实际中不会只有一个变量,因而相与项可用其余的变量来组合完成,同样不会让一个输出结果和"0"相与。

3. 多输入信号同时变化时产生的冒险电路仿真实验

（1）搭建如图 6.4.5 所示的仿真电路。

（2）由图 6.4.5 可知，$Y = AB + \bar{A}C = \bar{A}\bar{B}C + \bar{A}BC + AB\bar{C} + ABC$，由此作出其卡诺图，如图 6.4.6 所示。

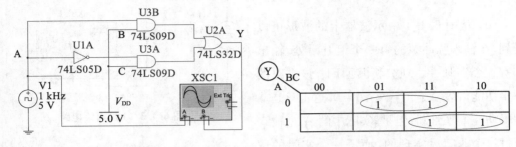

图 6.4.5 多输入信号同时变化时的冒险电路　　图 6.4.6 图 6.4.5 所示电路的卡诺图

由卡诺图上的两个圈可以看出，二者是相切的。所以，该电路存在竞争-冒险的可能性。运行仿真，得到如图 6.4.7 所示的输入、输出波形。

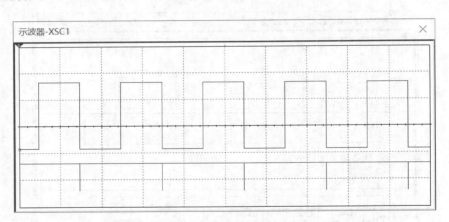

图 6.4.7 图 6.4.5 所示电路的输入、输出波形

（3）该逻辑电路的输出逻辑表达式为 $Y = AB + \bar{A}C$，显然，当 $B = C = 1$ 时，输出即变为 $Y = A + \bar{A}$，这正是前面讨论的 0 型冒险电路，这是从理论上分析的。实验结果也说明了这个问题：在输入脉冲的每一个下降沿处，输出均有一个负的窄脉冲，这与实验内容 1 中所得的输出结果一致。

（4）消除冒险的方法。为了消除竞争-冒险现象，可采用修改逻辑设计、增加冗余项 BC 的方法，使原逻辑表达式 $Y = AB + \bar{A}C$ 变为 $Y = AB + \bar{A}C + BC$。修改后的表达式并不改变原表达式的逻辑功能。

（5）修改后的逻辑电路如图 6.4.8 所示。运行仿真，并记录仿真结果，如图 6.4.9 所示。由仿真结果可以看出,修改后的电路确实消除了冒险-竞争现象。

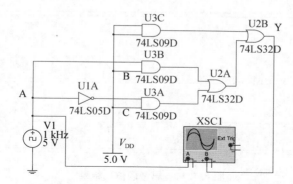

图 6.4.8 多输入信号同时变化时冒险消除电路

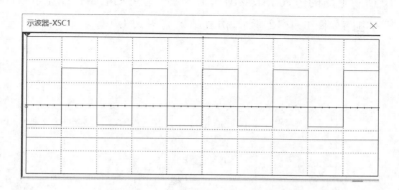

图 6.4.9 图 6.4.8 所示电路的输入、输出波形

6.4.3 思考题

分析和说明图 6.4.10 所示电路是否存在竞争-冒险现象？若存在,如何消除?

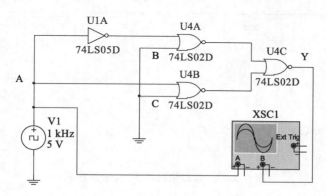

图 6.4.10 思考题电路

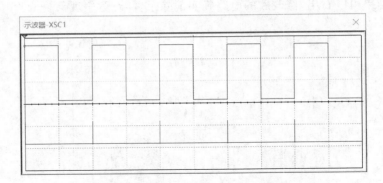

图 6.4.11　思考题仿真结果

图 6.4.10 所示电路的仿真结果如图 6.4.11 所示,可见电路存在竞争-冒险现象。消除冒险后的参考电路如图 6.4.12 所示,仿真结果见图 6.4.13。

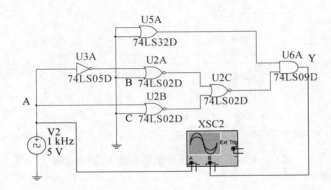

图 6.4.12　思考题的改进电路

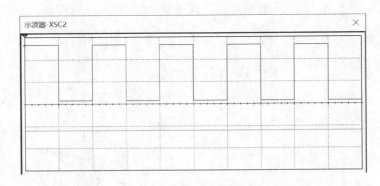

图 6.4.13　改进电路的输入、输出波形

6.5　*D* 触发器

6.5.1　实验目的

1. 了解 *D* 触发器的逻辑功能和特点。

2. 了解 *D* 触发器的异步清 0 和异步置 1 端的作用。

6.5.2　实验内容和步骤

1. 基本 *RS* 触发器仿真测试

（1）按图 6.5.1 所示搭建仿真电路。

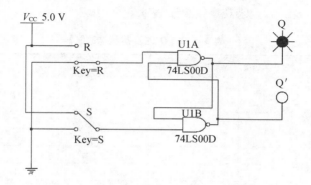

图 6.5.1　基本 *RS* 触发器仿真电路

（2）启动仿真，通过两个开关改变输入数据，指示灯亮表示数据"1"，灭表示"0"，观察 Q、$\overline{Q}$ 端的状态。重复 3～5 次，观察 Q、$\overline{Q}$ 端的状态是否相同。通过实验，加深对"不定"状态含义的理解，记录观察结果于表 6.5.1 中。

表 6.5.1　基本 *RS* 触发器状态

R	S	Q	$\overline{Q}$
0	0		
0	1		
1	0		
1	1		

2. *D* 触发器功能仿真测试

（1）按图 6.5.2 所示搭建仿真电路。

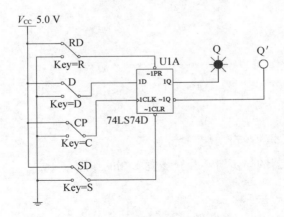

图 6.5.2 *D* 触发器仿真电路

（2）启动仿真,通过四个开关改变输入数据,指示灯亮表示数据"1",灭表示"0",观察 Q、$\overline{Q}$ 端的状态是否相同,记录观察结果于表 6.5.2 中。

表 6.5.2 *D* 触发器状态表

CP (1CLK)	$\overline{R}_D$ (~1PR)	$\overline{S}_D$ (~1CLR)	D	Q_n	Q_{n+1}
$\times$	0	1	$\times$	0	
				1	
$\times$	1	0	$\times$	0	
				1	
$\uparrow$	1	1	0	0	
$\uparrow$	1	1	0	1	
$\uparrow$	1	1	1	0	
$\uparrow$	1	1	1	1	
$\downarrow$	1	1	$\times$	0	
				1	

6.5.3 思考与练习

1. 结合 *RS* 触发器功能测试结果说明什么是"不定"状态。
2. 讨论 *D* 触发器的功能。

6.6 4 位移位寄存器仿真

6.6.1 实验目的

1. 熟悉移位寄存器的工作原理及调试方法。

2. 掌握用移位寄存器组成计数器的典型应用。

6.6.2 实验内容和步骤

1. 测试 74LS194 的逻辑功能

（1）按图 6.6.1 所示搭建仿真电路。

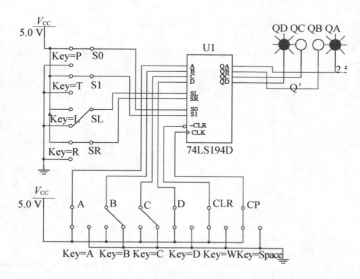

图 6.6.1 74LS194 逻辑功能验证仿真电路

74LS194 为 4 位双向通用移位寄存器，其中：D、C、B、A 为并行输入端；Q_D、Q_C、Q_B、Q_A 为并行输出端；S_R 为右移串入输入端，S_L 为左移串入输入端；S_1、S_0 为操作模式控制端；～CLR（$\overline{CLR}$）为直接无条件清零端；CLK 为时钟脉冲输入端。74LS194 逻辑功能见表 6.6.1。

表 6.6.1 74LS194 逻辑功能

CLK	$\overline{CLR}$	S_1	S_0	功能	$Q_D \quad Q_C \quad Q_B \quad Q_A$
$\times$	0	$\times$	$\times$	清零	$\overline{CLR}=0$，使 $Q_D Q_C Q_B Q_A = 0000$， $\overline{CLR}=1$ 时，寄存器正常工作
$\uparrow$	1	1	1	送数	CLK 上升沿作用后，并行输入数据 送入寄存器。$Q_D Q_C Q_B Q_A = DCBA$ 此时串行数据（S_R、S_L）被禁止
$\uparrow$	1	0	1	右移	串行数据送至右移输入端 S_R、CLK 上升沿进行右移。$Q_D Q_C Q_B Q_A = Q_C^n Q_B^n Q_A^n D_{SR}$
$\uparrow$	1	1	0	左移	串行数据送至左移输入端 S_L、CLK 上升沿进行左移。$Q_D Q_C Q_B Q_A = D_{SL} Q_D^n Q_C^n Q_B^n$

(续表)

CLK	$\overline{CLR}$	S_1	S_0	功能	Q_D Q_C Q_B Q_A
↑	1	0	0	保持	CLK 作用后寄存器内容保持不变。 $Q_D Q_C Q_B Q_A = Q_D^n Q_C^n Q_B^n Q_A^n$
↓	1	×	×	保持	$Q_D Q_C Q_B Q_A = Q_D^n Q_C^n Q_B^n Q_A^n$

（2）按表 6.6.2 规定的输入状态，逐项进行测试。

表 6.6.2　74LS194 逻辑功能测试结果

CLK	$\overline{CLR}$	S_1	S_0	S_R	S_L	D C B A	Q_D Q_C Q_B Q_A	功能
×	0	×	×	×	×			
↑	1	1	1	×	×			
↑	1	0	1	0	×			
↑	1	0	1	1	×			
↑	1	0	1	0	×			
↑	1	0	1	0	×			
↑	1	1	0	×	1			
↑	1	1	0	×	0			
↑	1	1	0	×	1			
↑	1	1	0	×	0			
↑	1	0	0	×	×			

① 清除。令 $\overline{CLR} = 0$，其他输入均为任意态，观察输出 Q_D、Q_C、Q_B、Q_A 情况，记录在表 6.6.2 中。

② 送数。令 $\overline{CLR} = S_1 = S_0 = 1$，送入任意 4 位二进制数，如 $DCBA = 1001$，加 CLK 脉冲，观察 $CLK = 0$、CLK 由 $0 \rightarrow 1$、CLK 由 $1 \rightarrow 0$ 三种情况下寄存器输出状态的变化，观察寄存器输出状态变化是否发生在 CLK 脉冲的上升沿，记录在表 6.6.2 中（记录 CLK 由 $0 \rightarrow 1$ 情况）。

③ 右移。清零后，令 $\overline{CLR} = 1$。$S_1 = 0$，$S_0 = 1$，由右移输入端 S_R 送入二进制数码如 0100，由 CLK 端连续加 4 个脉冲，观察输出情况，记录在表 6.6.2 中。

④ 左移。先清零或予置，再令 $\overline{CLR} = 1$，$S_1 = 1$，$S_0 = 0$，由左移输入端 S_R 送入二进制数码（如 1010），连续加 4 个 CLK 脉冲，观察输出端情况，记录在表 6.6.2 中。

⑤ 保持。寄存器预置任意 4 位二进制数码，如 $DCBA = 1101$，令 $\overline{CLR} = 1$，$S_1 = S_0 = 0$，加 CLK 脉冲，观察寄存器输出状态，记录在表 6.6.2 中。

2. 循环移位

移位寄存器应用很广,可构成移位寄存器型计数器、顺序脉冲发生器、串行累加器;也可用作数据转换,即把串行数据转换为并行数据,或把并行数据转换为串行数据等。

把移位寄存器的输出反馈到它的串行输入端,就可以进行循环移位,如图 6.6.2 所示,把输出端 Q_D 和右移串行输入端 S_R 相连接,设初始状态 $Q_D Q_C Q_B Q_A = 0001$,则在时钟脉冲作用下,$Q_D Q_C Q_B Q_A$ 将依次变为 $0010 \rightarrow 0100 \rightarrow 1000 \rightarrow 0001 \rightarrow \cdots\cdots$,可见它是一个具有四个有效状态的计数器,这种类型的计数器通常称为环形计数器。图 6.6.2 所示电路可以由各个输出端输出在时间上有先后顺序的脉冲,因此也作为顺序脉冲发生器。如果将输出 Q_A 与 S_L 相连接,即可达到左移循环移位。

① 按图 6.6.2 所示搭建仿真电路。

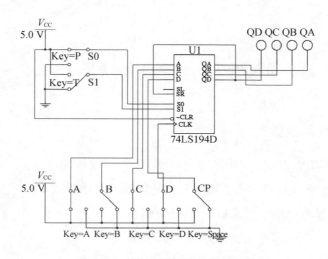

图 6.6.2　右移循环移位仿真电路

② 打开仿真开关,置 $S_0 = 1$、$S_1 = 1$,用并行送数法预置寄存器为某二进制数码(如 0100),然后置 $S_0 = 1$、$S_1 = 0$,进行右移循环,观察寄存器输出端状态的变化,记入表 6.6.3。

表 6.6.3　图 6.6.2 仿真电路测试表

CP	Q_D	Q_C	Q_B	Q_A
0	0	1	0	0
1				
2				
3				
4				

6.6.3 实验整理和思考

1. 整理仿真实验内容及实验数据,填好各表格。

2. 双向移位寄存器 74LS194D 有什么用途?

3. 双向移位寄存器 74LS194D 的工作过程与时钟脉冲有什么关系?

 6.7 **计数器及其应用仿真**

6.7.1 实验目的

1. 学习用集成触发器构成计数器的方法。

2. 掌握中规模集成计数器的使用方法及功能测试方法。

3. 运用集成计数器构成 1/N 分频器。

6.7.2 实验内容和步骤

计数器是一个用以实现计数功能的时序部件,它不仅可用来计脉冲数,还常用作数字系统的定时、分频和执行数字运算以及其他特定的逻辑功能。

1. 用 D 触发器构成异步二进制加/减计数器

(1) 按图 6.7.1 所示搭建仿真电路。

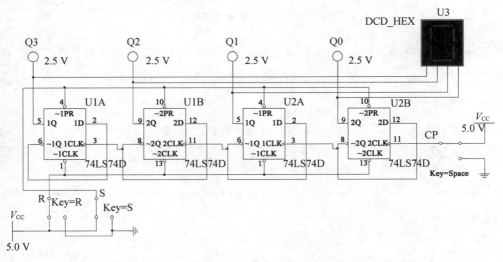

图 6.7.1　D 触发器构成的异步加法计数器仿真电路

图 6.7.1 所示电路是由四只 D 触发器构成的四位二进制异步加法计数器,它的连接特点是将每只 D 触发器接成 T' 触发器,再由低位触发器的 $\bar{Q}$ 端和高一位的 CLK 端相连接。

若将图 6.7.1 稍加改动,即将低位触发器的 Q 端与高一位的 CLK 端相连接,即构成一个四位二进制减法计数器。

(2) 启动仿真,清零后,逐个送入单次脉冲 CP,观察并列表记录 $Q_3 \sim Q_0$ 状态和 LED 数码管的显示情况,解释实验结果。

2. 用 74163N 构成十进制计数器

(1) 按图 6.7.2 所示搭建仿真电路。

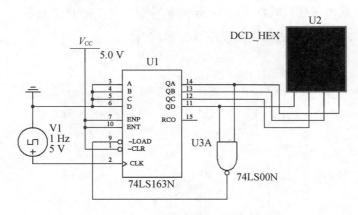

图 6.7.2　74163N 构成十进制计数器

(2) 启动仿真,注意 LED 数码管的显示情况,解释实验结果。

6.7.3　实验整理和思考

1. 将图 6.7.1 所示电路中的低位触发器的 Q 端与高一位的 CLK 端相连接,构成减法计数器,分析其原理。

2. 在图 6.7.2 所示电路中改变时钟信号源频率,观察输出显示速度的变化,在此基础上对电路进行改动,设计一个一百进制的计数器。

6.8　555 定时器应用电路设计

6.8.1　实验目的

1. 了解 555 定时器的工作原理。

2. 学会分析 555 定时器构成的几种应用电路的工作原理。

3. 熟悉掌握 EDA 软件工具 Multisim 的设计仿真测试应用。

6.8.2　实验内容

1. 时基振荡发生器

(1) 按图 6.8.1 所示搭建仿真电路。

在电子平台上建立图 6.8.1 仿真实验电路。单击电子仿真软件 Multisim 基本界面左侧左列真实元件工具条"Mixed"按钮,从弹出的对话框"Family"栏中选"TIMER",再在"Component"栏中选"LM555CM",点击对话框右上角"OK"按钮将 555 电路调出放置在电子平台上。从电子仿真软件 Multisim 基本界面左侧左列真实元件工具条中调出其他元件,并从基本界面左侧右侧调出虚拟双踪示波器。

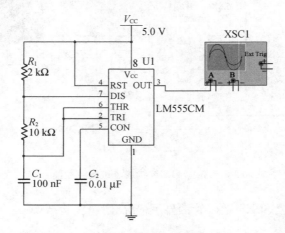

图 6.8.1　测试时基振荡发生器仿真电路

(2) 启动仿真,双击示波器图标,在示波器面板上设置好参数,观察屏幕上的波形,截取波形画面。利用屏幕上的读数指针对波形进行测量,并将结果填入表 6.8.1。

表 6.8.1　图 6.8.1 所示电路仿真结果

项目	周期 T	高电平宽度 T_w	占空比 q
理论计算值			
实验测量值			

2. 占空比可调的多谐振荡器

(1) 按图 6.8.2 所示搭建仿真电路。

(2) 启动仿真,双击示波器图标,在面板上合理调节示波器参数,观察屏幕上多谐振荡器产生的波形,截取波形画面。

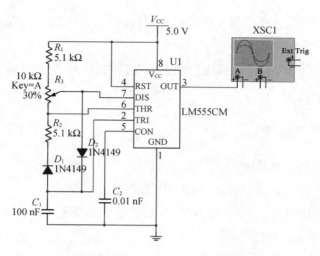

图 6.8.2　测试占空比可调的多谐振荡器仿真电路

（3）调节电位器的百分比，可以观察到多谐振荡器产生的矩形波占空比发生变化，分别测出电位器的百分比为 30％和 70％时的占空比，并将波形和占空比填入表 6.8.2。

表 6.8.2　图 6.8.2 所示电路仿真结果

电位器 R_3 位置	波形	占空比
30％		
70％		

3. 单稳态触发器

（1）按图 6.8.3 所示搭建仿真电路。

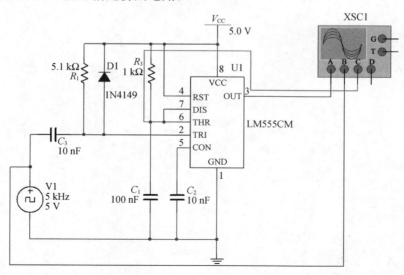

图 6.8.3　测试单稳态触发器仿真电路

（2）打开仿真开关，双击虚拟 4 踪示波器图标，从打开的放大面板上观察 V_i、V_C 和 V_O 的波形，截取波形画面。

（3）利用屏幕上的读数指针读出单稳态触发器的暂稳态时间 t_W，并与用公式 $t_W = 1.1R_3G$ 计算的理论值比较。

6.8.3　实验整理和思考

1. 整理实验仿真电路及结果，将其截图贴在报告对应的位置。

2. 整理仿真实验各数据并记录到相应的位置。

3. 调整可变电阻的阻值，调整信号源特性，通过示波器观察波形输出，将测量值和理论值相比较，对电路进行分析。

第七篇

数字电子技术提高型（设计性）实验

 编码显示电路的设计

7.1.1 设计目的

学会使用集成编码器、显示译码器等元器件实现编码显示电路的设计方法、安装与调试。

7.1.2 设计任务

1. 设计课题

设计一位编码显示电路。

2. 功能要求

设计一个至少有 9 路输入的信号电路，以低电平（或高电平）作为信号输入，并对输入信号进行编码，当有几个输入信号同时出现时，只对其中优先权最高的一个进行编码，用数码管显示其相应数码。

3. 设计步骤与要求

(1) 拟定设计方案，写出必要的设计步骤，画出逻辑电路图。

(2) 电路安装与调试，检验、修正电路的设计方案，记录实验现象。

(3) 画出经实验验证的逻辑电路图，标明元器件型号与引脚名称。

(4) 写出设计性实验报告。

4. 主要元器件

74LS147,74LS04,CD4511,共阴极数码管,电阻等。

7.1.3 设计举例

根据设计功能要求，以低电平作为有效信号输入，七段数码管显示其相应数码。

1. 电路设计

该电路由集成优先编码器 74LS147、非门 74LS04、显示译码器 CD4511 和七段数码管 5611A 组成,其中 $S_1 \sim S_9$ 为信号输入,低电平有效。具体电路如图 7.1.1 所示。

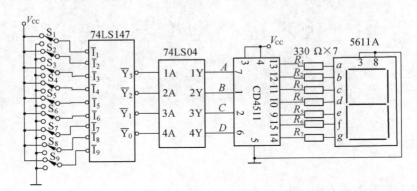

图 7.1.1　编码显示电路

2. 电路工作原理

九个单刀双掷开关 $S_1 \sim S_9$ 平时均接高电平,需要编码时将相应接地,优先编码器 74LS147 由一组四位二进制代码表示一位十进制数。编码器有 9 个输入信号 $\overline{I}_1 \sim \overline{I}_9$,低电平有效。其中 $\overline{I}_9$ 优先级别最高,$\overline{I}_1$ 优先级别最低,4 个输出端 $\overline{Y}_3\overline{Y}_2\overline{Y}_1\overline{Y}_0$ 为反码输出。当无信号输入,即全部输入都为"1"时,则 $\overline{Y}_3\overline{Y}_2\overline{Y}_1\overline{Y}_0$ 输出反码为"1111",表示输入十进制数是"0";当有信号输入时,即根据输入信号的优先级别,输出级别高信号的编码。如,当 $\overline{I}_9$、$\overline{I}_8$ 为"1",$\overline{I}_7$ 为"0",其余信号任意时,只对 $\overline{I}_7$ 信号进行编码,输出 $\overline{Y}_3\overline{Y}_2\overline{Y}_1\overline{Y}_0$ 为"1000"。经 74LS04 取反,将反码转变成原码,原码 BCD 输入显示译码器 CD4511,由显示译码器驱动共阴七段数码管 5611A,最后显示相应数码。

7.1.4　实验和思考题

1. 在编码显示电路的调试过程中会遇到哪些电路故障? 如何排除这些故障?

2. 图 7.1.1 所示电路中,如果改为采用优先编码器 74LS148,如何实现电路? 试设计电路图,并进行调试。

　由触发器构成的抢答器电路设计

7.2.1　设计目的

学会使用集成触发器实现抢答器电路的设计方法、安装与调试。

7.2.2 设计任务

1. 设计课题

设计由集成触发器实现一个多路抢答器电路。

2. 功能要求

利用集成触发器芯片设计一个多路抢答器电路,分别具有主持人复位键和多路抢答按键,发光二极管发亮显示为对应抢答者按键。当主持人按下复位键后,所有发光二极管都不亮,抢答才开始。当抢答开始后,某一抢答者按下抢答键,对应发光二极管发亮,其他抢答者再按下抢答键不会起作用。若要重新开始,则由主持人按下复位键后,才能为下一次抢答做好准备。

3. 设计步骤与要求

(1) 拟定设计方案,写出必要的设计步骤,画出逻辑电路图。

(2) 电路安装与调试,检验、修正电路的设计方案,记录实验现象。

(3) 画出经实验验证的逻辑电路图,标明元器件型号与引脚名称。

(4) 写出设计性实验报告。

4. 主要元器件

74LS112,74LS04,74LS20,发光二极管,电阻等。

7.2.3 设计举例

根据设计功能要求,设计一个 4 路抢答电路。

1. 电路设计

该电路由集成 JK 触发器 74LS112、双四输入与非门 74LS20、六非门 74LS04、显示译码器 CD4511 和七段数码管 5611A 等组成,其中 $S_1 \sim S_4$ 为抢答者按键,S_R 为主持人复位键。具体电路如图 7.2.1 所示。

2. 电路工作原理

(1) 准备期间。主持人将电路清零 ($S_R = 0$) 之后,触发器 74LS112 的输出 $Q_0 \sim Q_4$ 均为低电平,$\overline{Q}_0 \sim \overline{Q}_4$ 均为高电平,所有发光二极管截止而不亮,抢答者都无法进行抢答。

(2) 主持人将 S_R 按键由 $0 \rightarrow 1$ 之后,抢答者开始进行按键抢答,若某一抢答者按下按键,如 S_4 被按下,第四个触发器 FF$_4$ 的 CP 由 $1 \rightarrow 0$,而 $J = K = \overline{Q}_1 \overline{Q}_2 \overline{Q}_3 \overline{Q}_4 = 1$,则触发器 FF$_4$ 的输出 Q_4 变为高电平,$\overline{Q}_4$ 变为低电平,发光二极管 LED$_4$ 点亮,此时 $J = K = \overline{Q}_1 \overline{Q}_2 \overline{Q}_3 \overline{Q}_4 = 0$,其他抢答者再按下按键也不起作用,完成抢答。若要重新开始,则由主持人将电路清零($S_R = 0$),为下一次抢答做好准备。

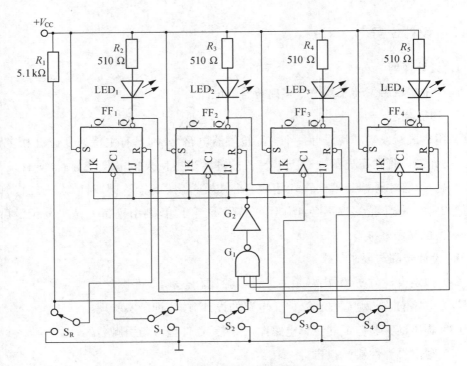

图 7.2.1　触发器构成的抢答器电路

7.2.4　实验和思考题

1. 在实现抢答器电路的调试过程中会遇到哪些电路故障？如何排除这些故障？
2. 试用不同元器件实现抢答器电路设计，并比较各自优缺点。

 7.3 **电子门铃电路的设计**

7.3.1　设计目的

学会使用集成 555 定时器实现电子门铃电路的设计方法、安装与调试。

7.3.2　设计任务

1. 设计课题

设计由 555 定时器实现电子门铃电路。

2. 功能要求

利用 555 定时器实现电子门铃电路，当按下和放开门铃按钮时，会产生"叮"和"咚"

不同频率的声音。

3. 设计步骤与要求

(1) 拟定设计方案,写出必要的设计步骤,画出逻辑电路图。

(2) 电路安装与调试,检验、修正电路的设计方案,记录实验现象。

(3) 画出经实验验证的逻辑电路图,标明元器件型号与引脚名称。

(4) 写出设计性实验报告。

4. 主要元器件

555 定时器,二极管,喇叭,电容和电阻等。

7.3.3　设计举例

1. 电路设计

该电路主要由 555 定时器、电容和电阻等组成。具体电路如图 7.3.1 所示。

2. 电路工作原理

电路由 555 定时器和外围元件构成多谐振荡器。按钮 AN 安装在门上,未按下时,555 定时器的复位端(4 脚)通过 R_1 接地,555 定时器处于复位状态,扬声器不发声。

按下按钮 AN,电源通过二极管 D_1 使得 555 定时器的复位端(4 脚)为高电平,振荡器处振荡状态。由于 R_2 被短路,振荡频率较高,约 700 Hz,扬声器发出"叮"的声

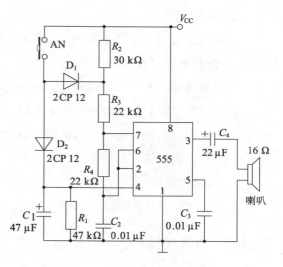

图 7.3.1　电子门铃电路

音。此时,电源通过二极管 D_2 给 C_1 充电。放开按钮时,C_1 便通过电阻 R_1 放电,但振荡器还在维持一定时间振荡。但由于按钮 AN 断开,电阻 R_2 被串入振荡电路,使得振荡器振荡频率有所改变,振荡频率变为较低,大约为 500 Hz,扬声器发出"咚"的声音。直到 C_1 上电压放到不能维持 555 定时器振荡为止。

7.3.4　实验和思考题

1. 在实现抢答器电路的调试过程中会遇到哪些电路故障? 如何排除这些故障?

2. 如何通过电路设计来改变"叮"和"咚"的声音频率?"咚"声的余音的长短如何改变?

7.4 循环彩灯电路的设计

7.4.1 设计目的

学会使用集成 74138 实现循环彩灯电路的设计方法、安装与调试。

7.4.2 设计任务

1. 设计课题

设计八只发光二极管循环点亮电路。

2. 功能要求

实现八只发光二极管循环点亮,形成八路循环彩灯电路。

3. 设计步骤与要求

(1) 拟定设计方案,写出必要的设计步骤,画出逻辑电路图。

(2) 电路安装与调试,检验、修正电路的设计方案,记录实验现象。

(3) 画出经实验验证的逻辑电路图,标明元器件型号与引脚名称。

(4) 写出设计性实验报告。

4. 主要元器件

555 定时器,74LS290 或 74LS160,74LS138,发光二极管,电阻等。

7.4.3 设计举例

1. 电路设计

该电路主要由 555 定时器、74LS138、74LS290 等组成。具体电路如图 7.4.1 所示。

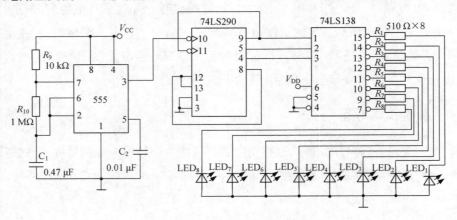

图 7.4.1 循环彩灯电路

2. 电路工作原理

电路中 555 定时器和外围元件构成多谐振荡器,产生一定频率的脉冲信号送给 74LS290 作为计数时钟信号,74LS290 的接线方式是一个八进制计数器,即从 000～111 循环计数,计数器输出信号送给 74LS138 译码器,由于 74LS138 译码器的 6 脚接高电平,4 脚和 5 脚接低电平,译码器工作,这时若脚"321"输入"000"时,则脚"15"输出为低电平,发光二极管 LED_1 亮;这时若脚"321"输入"001"时,则脚"14"输出为低电平,发光二极管 LED_2 亮。以此类推。这样 74LS138 译码器所接八只发光二极管循环点亮,形成八路循环彩灯电路。

7.4.4　实验和思考题

1. 在实现八路循环彩灯电路的调试过程中会遇到哪些电路故障? 如何排除这些故障?
2. 是否可用 74LS160 计数器代替 74LS290 计数器? 若可以,请设计电路图。
3. 如何调节彩灯亮灭的节拍?

 7.5　数字电子钟电路的设计

7.5.1　设计目的

学会数字电子钟的工作原理及设计方法。

7.5.2　设计任务

1. 设计课题

完成数字电子钟的逻辑电路设计。

2. 功能要求

(1) 设计具有"秒""分""时"的数字钟,以 LED 数码管作为显示,"时"计数器是二十四进制计数功能。

(2) 实现"分""时"的校时电路。

(3) 实现整点报时电路,要求当"分"计数器和"秒"计数器到 59 分 51 秒,自动驱动音响电路发 5 次持续 1 秒的鸣叫,前 4 次音调低,最后一次音调高。最后一次鸣叫结束,计数器正好为整点。

3. 设计步骤与要求

(1) 拟定设计方案,写出必要的设计步骤,画出逻辑电路图。

(2) 电路安装与调试,检验、修正电路的设计方案,记录实验现象。

（3）画出经实验验证的逻辑电路图,标明元器件型号与引脚名称。

（4）写出设计性实验报告。

4. 主要元器件

（略）。

7.5.3 设计举例

1. 电路设计

根据设计要求,数字电子钟由秒脉冲发生器,六十进制"秒"计时计数器,六十进制"分"计时计数器和二十四进制"时"计时计数器,时、分、秒译码显示器,校时电路和报时电路等组成。组成框如图 7.5.1和具体原理电路如图 7.5.2 所示。

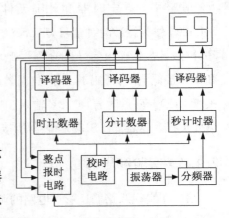

图 7.5.1 数字电子钟组成框图

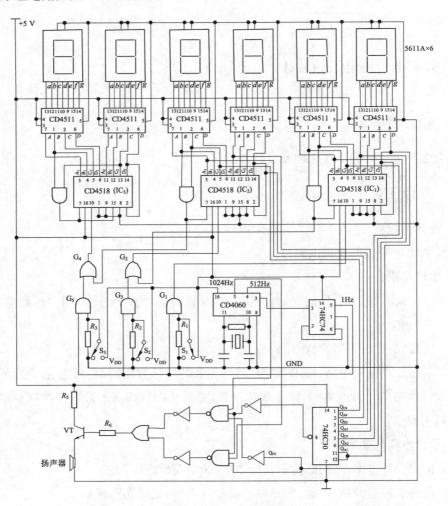

图 7.5.2 数字电子钟原理电路

2. 电路工作原理

(1) 计数器电路。

"秒""分""时"计数器电路采用同步加法计数器 CD4518。如图 7.5.3 所示,"秒"计数器、"分"计数器均采用六十进制计数器,为便于显示译码器工作,其"秒""分"个位采用十进制计数器,十位采用六进制计数器。"时"计数器采用二十四进制计数器,如图 7.5.4 所示。

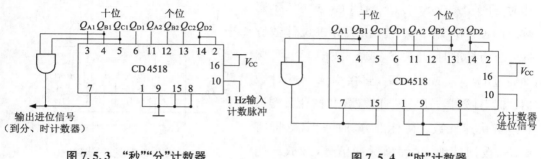

图 7.5.3　"秒""分"计数器　　　　　　　　图 7.5.4　"时"计数器

(2) 秒脉冲信号发生电路。

秒脉冲信号发生电路是产生频率为 1 Hz 的时间基准信号。采用 32 768 Hz 石英晶体振荡器,经过 15 级二分频,获得 1 Hz 的秒脉冲,如图 7.5.5 所示。电路中 CD4060 是 14 级二进制计数器/分频器。它与外接电阻、电容、石英晶体组成振荡器,并进行 14 级二分频得到 2 Hz 的脉冲,再加外一级 D 触发器(74HC74)二分频,输出 1 Hz 的时间基准信号。

(3) 译码、显示电路。

"秒""分""时"的译码显示电路采用七段显示译码 CD4511 直接驱动 LED 数码管 5611A,如图 7.5.6 所示。

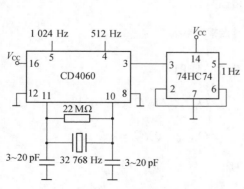

图 7.5.5　秒脉冲信号发生电路

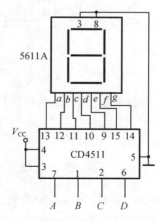

图 7.5.6　"秒""分""时"的译码显示电路

（4）校时电路。

如图 7.5.7 所示，"秒"校时采用等待时法。正常工作时，将开关 S_1 拨向 V_{CC}，不影响与门 G_1 传送秒计数信号。进行校时，将开关 S_1 拨向接地，封闭 G_1，暂停秒计时。当标准时间一到，立即将开关 S_1 拨向 V_{CC}，开放与门 G_1。"分"校时和"时"校时采用加速校时法。正常工作时，开关 S_2 或 S_3 接地，封闭 G_3 或 G_5，不影响或门 G_2 和或门 G_4 传送秒、分进位计数脉冲。进行校准时，开关 S_2 或 S_3 拨向 V_{CC}，秒脉冲通过 G_2、G_3 或 G_4、G_5，直接引入"分"计数器、"时"计数器，让"分"计数器、"时"计数器以秒节奏快速计数。待标准分、时一到，立即将 S_2、S_3 拨回接地，封锁秒脉冲信号，开放或门 G_4、G_2 对秒进位、分进位计数脉冲的传递。

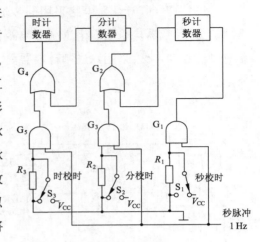

图 7.5.7　校时电路

（5）整点报时电路。

图 7.5.8 所示为整点报时电路，它包括控制电路和音响电路两部分。当"分"计数器和"秒"计数器计到 59 分 51 秒，自动驱动音响电路发出 5 次持续 1 秒的鸣叫，前 4 次音调低，最后一次音调高。最后一次鸣叫结束，计数器正好为整点（"00"分"00"秒）。

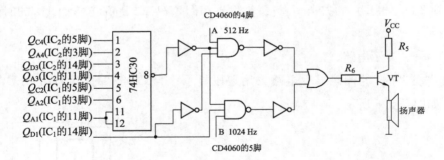

图 7.5.8　整点报时电路

① 控制电路。当分、秒计数器计到 59 分 51 秒，即

$$Q_{D4}Q_{C4}Q_{B4}Q_{A4}=0101 \qquad Q_{D3}Q_{C3}Q_{B3}Q_{A3}=1001$$

$$Q_{D2}Q_{C2}Q_{B2}Q_{A2}=0101 \qquad Q_{D1}Q_{C1}Q_{B1}Q_{A1}=0001$$

时，开始鸣叫报时。此间，只有秒个位计数，所以

$$Q_{C4}=Q_{A4}=Q_{D3}=Q_{A3}=Q_{C2}=Q_{A2}=1$$

另外,时钟到达 51 秒、53 秒、55 秒、57 秒和 59 秒(即 $Q_{A1}=1$)时就鸣叫。为此,将 Q_{C4}、Q_{A4}、Q_{D3}、Q_{A3}、Q_{C2}、Q_{A2} 和 Q_{A1} 逻辑相与作为控制信号 C。

$$C = Q_{C4} Q_{A4} Q_{D3} Q_{A3} Q_{C2} Q_{A2} Q_{A1}$$

$$Y = C \overline{Q_{D1}} A + C Q_{D1} B$$

在 51 秒、53 秒、55 秒和 57 秒时,$Q_{D1}=0$、$Y=A$,扬声器以 512 Hz 音频鸣叫 4 次。在 59 秒时,$Q_{D1}=1$、$Y=B$,扬声器以 1 024 kHz 高音频鸣叫最后一响。报时电路中的 512 Hz 低音频信号 A 和 1 024 kHz 高音频信号 B 分别取自 CD4060 的 4 脚和 5 脚。

② 音响电路。音响电路采用射极输出器 VT 驱动扬声器,R_5、R_6 用来限流。

7.5.4　实验和思考题

1. 在实现数字电子钟电路的调试过程中会遇到哪些电路故障？如何排除这些故障？

2. 电路中若选用二进制计数器(如 74LS161)代替 CD4518 计数器,应该如何设计？请画出电路图,并加以验证。

3. 整点报时电路是否还可以简化？试说明设计电路图。

 ## 7.6　汽车尾灯控制电路设计

7.6.1　设计目的

学会汽车尾灯控制电路的设计方法、安装与调试技术。

7.6.2　设计任务

1. 设计课题

设计一个汽车尾灯控制电路。

2. 功能要求

设计一汽车控制电路,实现对汽车尾灯显示状态的控制。假设汽车尾部左、右两侧各有三个指示灯(用发光二极管(LED)模拟),根据汽车运行情况,要求实现以下功能：

(1) 汽车正常行驶时,尾部两侧的六个指示灯全灭。

(2) 汽车刹车时,尾部两侧的六个指示灯随 CP 时钟脉冲同步闪烁。

(3) 右转弯时,右侧三个指示灯为右顺序循环点亮,频率为 1 Hz,左侧灯全灭。

(4) 左转弯时,左侧三个指示灯为左顺序循环点亮,频率为 1 Hz,右侧灯全灭。

3. 设计步骤与要求

（1）拟定设计方案，写出必要的设计步骤，画出逻辑电路图。

（2）电路安装与调试，检验、修正电路的设计方案，记录实验现象。

（3）画出经实验验证的逻辑电路图，标明元器件型号与引脚名称。

（4）写出设计性实验报告。

4. 给定的主要元器件

（略）。

7.6.3 设计举例

1. 电路设计

根据设计要求，汽车尾灯有四种不同状态，可用两个开关变量进行控制。假定用开关 S_1 和 S_0 进行控制，由此可以列出汽车尾灯与汽车运行状态，如表 7.6.1 所示。

表 7.6.1　汽车尾灯与汽车运行状态

开关控制		运行状态	左尾灯	右尾灯
S_1	S_0		D_4、D_5、D_6	D_1、D_2、D_3
0	0	正常运行	灭灯	灭灯
0	1	右转弯	灭灯	D_1、D_2、D_3 按顺序循环点亮
1	0	左转弯	D_4、D_5、D_6 按顺序循环点亮	灭灯
1	1	刹车	所有尾灯随时钟 CP 同时闪烁	

由于汽车左右转弯时三个指示灯循环点亮，因此用一个三进制计数器的输出来控制译码电路顺序输出低电平，从而控制尾灯按要求点亮。假定三进制计数器的状态用 Q_1、Q_0 表示，由此得出在每种运行状态下，各指示灯与给定条件（S_1、S_0、CP、Q_1、Q_0）的逻辑功能关系如表 7.6.2 所示（表中 0 表示灯灭状态，1 表示灯亮状态）。

表 7.6.2　指示灯与给定条件的逻辑功能关系

开关控制		三进制计数器		6 个指示尾灯					
S_1	S_0	Q_1	Q_0	D_6	D_5	D_4	D_1	D_2	D_3
0	0	×	×	0	0	0	0	0	0
		0	0	0	0	0	1	0	0
0	1	0	1	0	0	0	0	1	0
		1	0	0	0	0	0	0	1

（续表）

开关控制		三进制计数器		6个指示尾灯					
1	0	0	0	0	0	1	0	0	0
		0	1	0	1	0	0	0	0
		1	0	1	0	0	0	0	0
1	1	$\times$	$\times$	CP	CP	CP	CP	CP	CP

由表 7.6.2 得出汽车尾灯控制电路原理框图，如图 7.6.1 所示。电路由三进制计数器、译码电路、显示驱动电路和 LED 模拟尾灯显示组成。具体控制电路如图 7.6.2 所示。

2. 电路工作原理

（1）三进制计数器。

三进制计数器电路由 JK 触发器 74LS76 构成，如图 7.6.3 所示。在 CP 脉冲作用下，Q_1Q_0 按 00、01、10 三个状态循环变化。

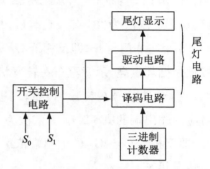

图 7.6.1　汽车尾灯控制电路原理框图

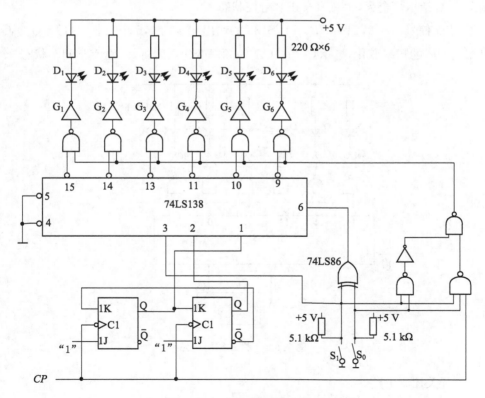

图 7.6.2　汽车尾灯控制电路

（2）汽车尾灯电路。

汽车尾灯电路如图 7.6.4 所示，其中显示驱动电路由 74LS138 译码器、6 个与非门、6 个反相器和 6 个 LED 构成。74LS138 的 3 个输入端 A_2、A_1、A_0 分别接 S_1、Q_1、Q_0，而 Q_1、Q_0 是三进制计数器的输出端。

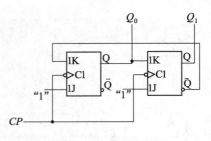

图 7.6.3 三进制计数器

① 使能信号 $G=1$，$A=1$，三进制计数器的状态为 00、01、10 时，当 $S_1=0$，74LS138 对应的输出端的脚 15、14、13 依次为"0"有效（脚 11、10、9 信号为"1"无效），6 个与非门打开，即反相器 $G_1\sim G_3$ 的输出端也依次为 0，故指示灯 $D_1\rightarrow D_2\rightarrow D_3\rightarrow D_1$ 按顺序循环点亮，示意汽车右转弯状态。

② 使能信号 $G=1$，$A=1$，三进制计数器的状态为 00、01、10 时，当 $S_1=1$，74LS138 对应的输出端的脚 11、10、9 依次为"0"有效（脚 15、14、13 信号为"1"无效），6 个与非门打开，即反相器 $G_4\sim G_6$ 的输出端依次为 0，故 $D_4\rightarrow D_5\rightarrow D_6\rightarrow D_4$ 按顺序循环点亮，示意汽车左转弯状态。

③ 使能信号 $G=0$，$A=1$，74LS138 的输出端全为 1，6 个与非门打开，$G_6\sim G_1$ 的输出端全为 1，指示灯全灭，示意汽车正常行使状态。

④ 使能信号 $G=0$，$A=CP$，74LS138 的输出端全为 1，6 个与非门打开，$G_6\sim G_1$ 的输出端随 CP 的频率变化，指示灯也随 CP 的频率变化而闪烁，示意汽车刹车状态。

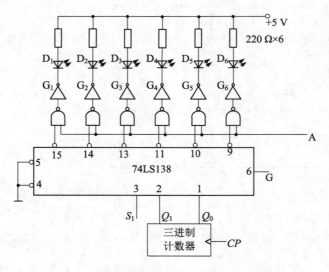

图 7.6.4 汽车尾灯电路

（3）开关控制电路。

开关控制电路如图 7.6.5 所示。

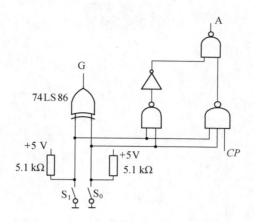

图 7.6.5　开关控制电路

设 74LS138 和显示驱动电路的使能端信号分别为 G 和 A,逻辑表达式如下:

$$G = S_1 \oplus S_0$$

$$A = \overline{S_1 S_0} + S_1 S_0 CP = \overline{\overline{S_1 S_0} \cdot \overline{S_1 S_0 CP}}$$

由此可得 G、A 与给定条件(S_1、S_0、CP)的逻辑功能,如表 7.6.3 所示。

表 7.6.3　G、A 与 S_1、S_0、CP 的逻辑功能

开关控制		CP	使能信号	
S_1	S_0		G	A
0	0	×	0	1
0	1	×	1	1
1	0	×	1	1
1	1	CP	0	CP

7.6.4　实验和思考题

1. 在汽车尾灯控制电路的调试过程中会遇到哪些电路故障? 如何排除这些故障?

2. 在控制电路中,如果用三进制减法计数器取代三进制加法计数器,会出现什么现象? 用实验进行验证。

附　录

集成器件引脚图

74LS00四2输入与非门

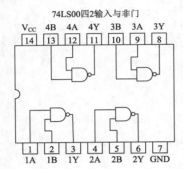

74HC01四2输入OC与非门

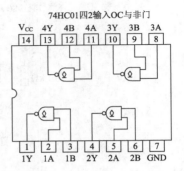

74LS02四2输入或非门

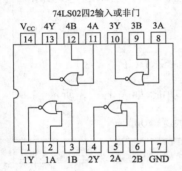

74LS03四2输入OC与非门

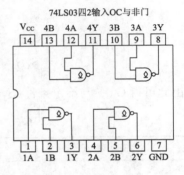

74LS04六反相器

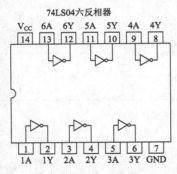

74LS06六输出高压反相器

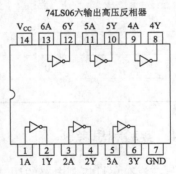

74LS08四2输入与门

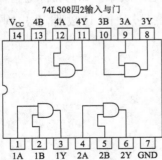

74LS10三3输入与非门

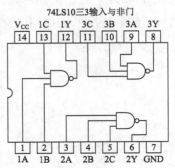

182

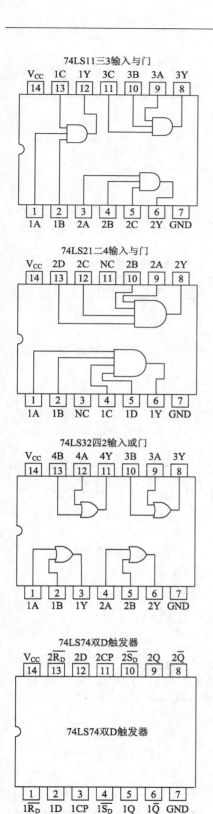

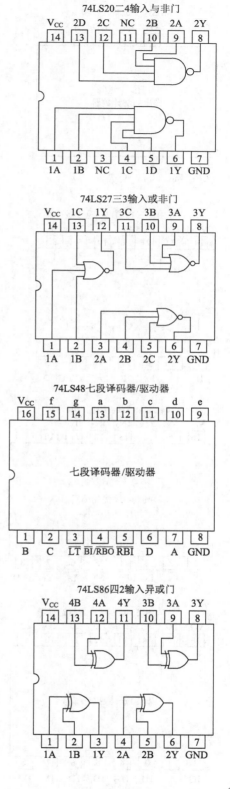

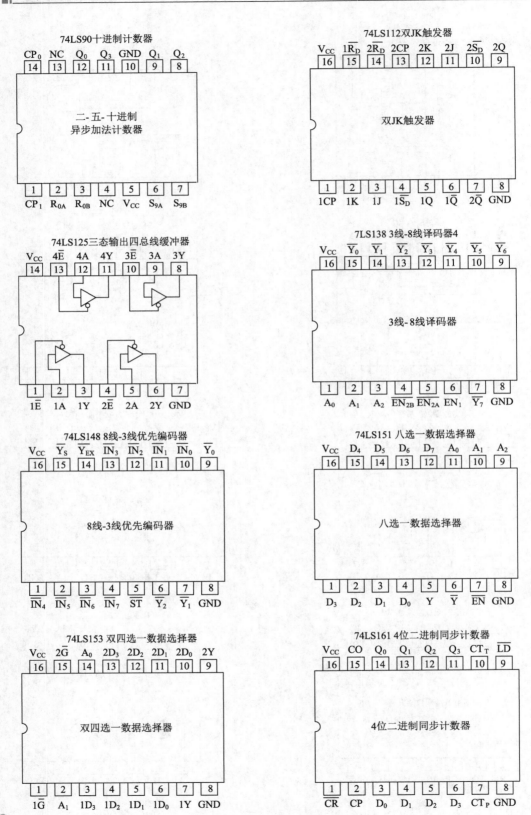

74LS90 十进制计数器

二- 五- 十进制
异步加法计数器

14	13	12	11	10	9	8
CP₀	NC	Q₀	Q₃	GND	Q₁	Q₂

1	2	3	4	5	6	7
CP₁	R₀ₐ	R₀ᵦ	NC	Vcc	S₉ₐ	S₉ᵦ

74LS112 双JK触发器

双JK触发器

16	15	14	13	12	11	10	9
Vcc	1R̄ᴅ	2R̄ᴅ	2CP	2K	2J	2S̄ᴅ	2Q

1	2	3	4	5	6	7	8
1CP	1K	1J	1S̄ᴅ	1Q	1Q̄	2Q̄	GND

74LS125 三态输出四总线缓冲器

14	13	12	11	10	9	8
Vcc	4Ē	4A	4Y	3Ē	3A	3Y

1	2	3	4	5	6	7
1Ē	1A	1Y	2Ē	2A	2Y	GND

7LS138 3线-8线译码器4

3线- 8线译码器

16	15	14	13	12	11	10	9
Vcc	Ȳ₀	Ȳ₁	Ȳ₂	Ȳ₃	Ȳ₄	Ȳ₅	Ȳ₆

1	2	3	4	5	6	7	8
A₀	A₁	A₂	EN̄₂ᵦ	EN₂ₐ	EN₁	Ȳ₇	GND

74LS148 8线-3线优先编码器

8线-3线优先编码器

16	15	14	13	12	11	10	9
Vcc	Ȳₛ	Ȳₑₓ	ĪN₃	ĪN₂	ĪN₁	ĪN₀	Ȳ₀

1	2	3	4	5	6	7	8
ĪN₄	ĪN₅	ĪN₆	ĪN₇	ST	Ȳ₂	Ȳ₁	GND

74LS151 八选一数据选择器

八选一数据选择器

16	15	14	13	12	11	10	9
Vcc	D₄	D₅	D₆	D₇	A₀	A₁	A₂

1	2	3	4	5	6	7	8
D₃	D₂	D₁	D₀	Y	Ȳ	EN	GND

74LS153 双四选一数据选择器

双四选一数据选择器

16	15	14	13	12	11	10	9
Vcc	2Ḡ	A₀	2D₃	2D₂	2D₁	2D₀	2Y

1	2	3	4	5	6	7	8
1Ḡ	A₁	1D₃	1D₂	1D₁	1D₀	1Y	GND

74LS161 4位二进制同步计数器

4位二进制同步计数器

16	15	14	13	12	11	10	9
Vcc	CO	Q₀	Q₁	Q₂	Q₃	CT_T	L̄D

1	2	3	4	5	6	7	8
C̄R	CP	D₀	D₁	D₂	D₃	CT_P	GND

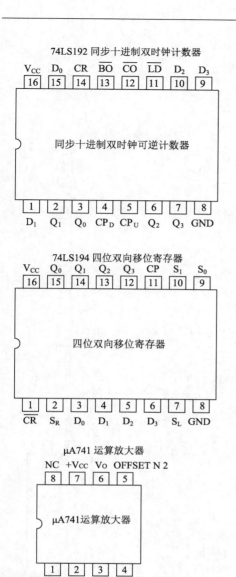

74LS192 同步十进制双时钟计数器

V_CC	D_0	CR	$\overline{BO}$	$\overline{CO}$	$\overline{LD}$	D_2	D_3
16	15	14	13	12	11	10	9

同步十进制双时钟可逆计数器

1	2	3	4	5	6	7	8
D_1	Q_1	Q_0	CP_D	CP_U	Q_2	Q_3	GND

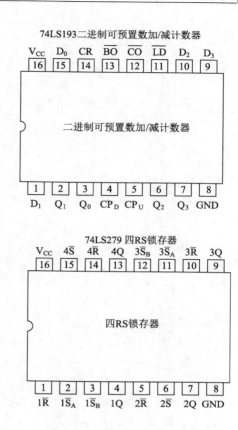

74LS193 二进制可预置数加/减计数器

V_CC	D_0	CR	$\overline{BO}$	$\overline{CO}$	$\overline{LD}$	D_2	D_3
16	15	14	13	12	11	10	9

二进制可预置数加/减计数器

1	2	3	4	5	6	7	8
D_1	Q_1	Q_0	CP_D	CP_U	Q_2	Q_3	GND

74LS194 四位双向移位寄存器

V_CC	Q_0	Q_1	Q_2	Q_3	CP	S_1	S_0
16	15	14	13	12	11	10	9

四位双向移位寄存器

1	2	3	4	5	6	7	8
$\overline{CR}$	S_R	D_0	D_1	D_2	D_3	S_L	GND

74LS279 四RS锁存器

V_CC	4S	4R	4Q	3$\overline{S_B}$	3$\overline{S_A}$	3R	3Q
16	15	14	13	12	11	10	9

四RS锁存器

1	2	3	4	5	6	7	8
1R	1$\overline{S_A}$	1$\overline{S_B}$	1Q	2R	2S	2Q	GND

μA741 运算放大器

NC	+V_CC	V_O	OFFSET N	2
8	7	6	5	

μA741运算放大器

1	2	3	4
OFFSET N 1	V-	V+	-V_CC

555 定时器

+V_CC	C_t	T_H	V_CO
8	7	6	5

555时基电路

1	2	3	4
GND	$\overline{T_L}$	V_O	$\overline{R_D}$

LM324 运算放大器

4OUT	4IN-	4IN+	V-	3IN+	3IN-	3OUT
14	13	12	11	10	9	8

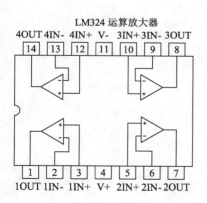

1	2	3	4	5	6	7
1OUT	1IN-	1IN+	V+	2IN+	2IN-	2OUT

LM358 运算放大器

V_CC	2OUT	2IN-	2IN+
8	7	6	5

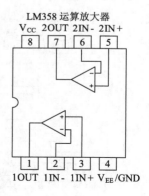

1	2	3	4
1OUT	1IN-	1IN+	V_EE/GND

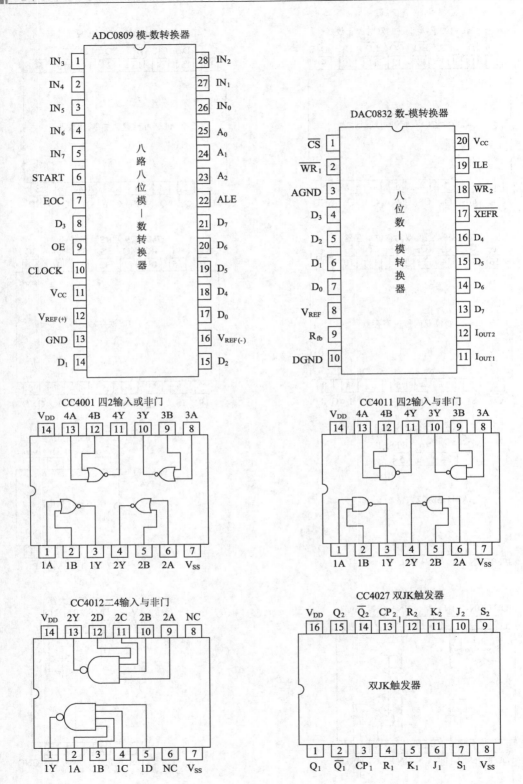

ADC0809 模-数转换器

IN₃	1	28	IN₂
IN₄	2	27	IN₁
IN₅	3	26	IN₀
IN₆	4	25	A₀
IN₇	5	24	A₁
START	6	23	A₂
EOC	7	22	ALE
D₃	8	21	D₇
OE	9	20	D₆
CLOCK	10	19	D₅
V_CC	11	18	D₄
V_REF(+)	12	17	D₀
GND	13	16	V_REF(−)
D₁	14	15	D₂

八路八位模—数转换器

DAC0832 数-模转换器

八位数—模转换器

CC4001 四2输入或非门

CC4011 四2输入与非门

CC4012 二4输入与非门

CC4027 双JK触发器

双JK触发器

CC4030四2输入异或门

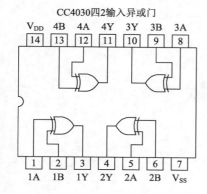

CC4042四D锁存器

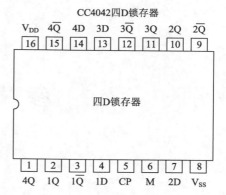

CC4069六反相器

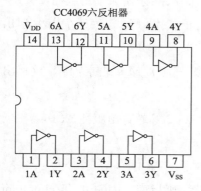

CC4071四2输入或门

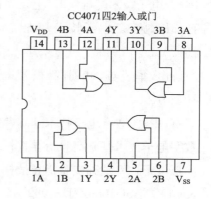

CC4081四2输入与门

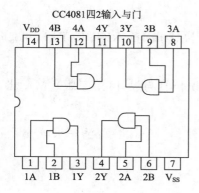

CD4511

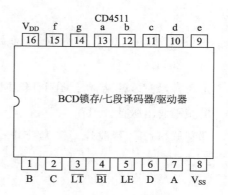

参 考 文 献

［1］陈军. 电子技术基础实验（上）：模拟电子技术［M］. 南京：东南大学出版社，2011.

［2］孙梯权，施琴. 电子技术基础实验（下）：数字电子技术［M］. 南京：东南大学出版社，2011.

［3］童诗白，华成英，叶朝晖. 模拟电子技术基础（第五版）［M］. 北京：高等教育出版社，2015.

［4］闫石，王红. 数字电子技术基础（第六版）［M］. 北京：高等教育出版社，2016.

［5］数字电子技术基础实验指导教材. 天煌教仪，2006.

［6］模拟电子技术基础实验指导教材. 天煌教仪，2006.

［7］RIGOL MSO1000Z/DS1000Z 系列数字示波器快速指南. RIGOL Technologies, Inc，2013.

［8］RIGOL DG4000 系列函数/任意波形发生器快速指南. RIGOL Technologies, Inc，2011.

［9］张新喜，许军，韩菊，等. MULTISIM 14 电子系统仿真与设计（第二版）［M］. 北京：机械工业出版社，2017.

［10］邵利群，黄璟，蔡成炜，等. 数字电子技术项目教程［M］. 北京：清华大学出版社，2012.